乡村振兴实用技术丛书

姬菇·金顶蘑·红侧耳

曾祥华 严清波 吴辉军 编著

内蒙古科学技术出版社

图书在版编目（CIP）数据

姬菇·金顶蘑·红侧耳 / 曾祥华，严清波，吴辉军编著. —赤峰：内蒙古科学技术出版社，2021. 12

（乡村振兴实用技术丛书）

ISBN 978-7-5380-3397-7

Ⅰ. ①姬… Ⅱ. ①曾…②严…③吴… Ⅲ. ①食用菌类—蔬菜园艺 Ⅳ. ①S646

中国版本图书馆CIP数据核字（2021）第266307号

姬菇·金顶蘑·红侧耳

编　　著：曾祥华　严清波　吴辉军
责任编辑：许占武
封面设计：永　胜
出版发行：内蒙古科学技术出版社
地　　址：赤峰市红山区哈达街南一段4号
网　　址：www.nm-kj.cn
邮购电话：0476-5888970
印　　刷：赤峰天海印务有限公司
字　　数：157千
开　　本：880mm × 1230mm　1/32
印　　张：5.375
版　　次：2021年12月第1版
印　　次：2021年12月第1次印刷
书　　号：ISBN 978-7-5380-3397-7
定　　价：19.80元

如出现印装质量问题，请与我社联系。电话：0476-5888926　5888917

丛书编委会

前　言

姬菇又名小平菇、紫孢平菇、黄白侧耳等，是从日本引进的一个珍稀新品种。该菇形态优美，菇肉肥厚，质地脆嫩，味美爽口，很受消费者欢迎。更为可贵的是，该菇药用价值高，其子实体提取物对小白鼠肉瘤 S－180 的抑制率为 70%～80%，对艾氏癌的抑制率为 60%～70%。常食姬菇对人体健康极为有益。我国生产的姬菇主要以盐渍品出口日本等国，经济效益可观，开发前景好，值得大力发展。

金顶蘑又名榆黄蘑，菌盖黄色，层叠排列，形似皇冠，极为美观，故有“玉皇蘑”之称。该菇还因野生时多生在林区的榆、栎等阔叶树的倒木上，所以又叫榆耳或榆杆侧耳。该菇色艳、味鲜、形美，营养价值和药用价值高，被列为林区“蘑菇之冠”，很有开发前景。

红侧耳是热带、泛热带地区的一类色泽艳丽的高温型食用菌。颜色呈红色、水红色、粉红色，瓶栽时具有较高的观赏价值，可作盆景置于厅室或案头进行观赏和美化环境。红侧耳子实体幼嫩时味道鲜美，具有蟹味，风味独特。尤为可贵的是，它在盛夏出菇，特别适合海南、广东、广西等地生产，经济效益好，可积极发展生产。

所附红菇、阿魏蘑、亚侧耳、杏鲍菇亦属珍稀菇菌，极具开发前景。

本书在编写时参阅和吸收了前人的部分研究资料，特此致谢！不妥之处，恳请批评赐教！

目　录

第一章　姬　菇

一、概述

姬菇又名小平菇、紫孢平菇(福建)、金花菇(台湾)、黄白侧耳等。属于担子菌亚门层菌纲伞菌目侧耳科侧耳属。

小平菇野生时多于春秋季丛生于栎属、山毛榉属等阔叶树的枯干上。在我国分布较广,黑龙江、吉林、山东、河北、河南、陕西、江苏、浙江、安徽、江西、云南、四川、新疆、海南等省区均有分布。

20 世纪 80 年代中期,国内以“姬菇”商品名从日本引进菌株进行栽培,主要产地集中在河北、山西两省,产品以盐渍品出口日本。姬菇价格好,是普通平菇价的 2 ~ 3 倍,是近年来推广的珍稀食用菌新品种,很受消费者青睐。盐渍姬菇出口日本等国,经济效益可观,开发前景良好。

二、营养成分

该菇菇肉肥厚,质地脆嫩,美味爽口,富含蛋白质、糖类、脂肪、维生素和铁、钙等矿物质元素。其中蛋白质含量高于一般蔬菜,含有人体所必需的 8 种氨基酸。

三、药用功能

姬菇具有舒筋活血、防癌抗癌等保健功能。其子实体提取物对小白鼠肉瘤 S - 180 的抑制率为 70% ~80%,对艾氏癌的抑制率为 60% ~70%。

四、形态特性

小平菇菌株较多，目前生产上应用较多的有日本小平姑、小平 ND 和姬菇。日本小平菇菌盖初为灰黑色，成熟时色稍淡些，子实体丛生，柄短，产量集中。小平 ND，菌盖为浅灰色，子实体丛生，抗病能力强，产量较高。姬菇，子实体覆瓦状丛生叠生，菌盖宽 4 ~ 12 厘米，初为灰蓝色，成熟时色淡些，菌柄粗壮、稍长，菌盖较小，中间成凹形；直径 5 ~ 13 厘米，初期扁半球形，伸展后基部下陷呈半圆形、漏斗形至扇形，暗褐色至赭褐色，后逐渐变灰黄色、灰白色至近白色，光滑，罕有白色绒毛。盖缘薄，幼时内卷，长大后常呈波状，往往开裂。菌肉稍厚，白色，近谷粉至味精味。菌褶宽，稍密，延生在菇柄上交织，宽，稍稀，有脉络相连，往往在柄上形成隆纹，白色。菌柄短，偏生或侧生，长 2 ~ 5 厘米，直径 0.6 ~ 2.5 厘米，光滑，白色至近白色，内实，基部往往相连，有时有绒毛。孢子印淡紫色。孢子无色透明，光滑，长方椭圆形，大小为 (7 ~ 11) 微米 × (3.5 ~ 4.5) 微米。(图 1 –1)

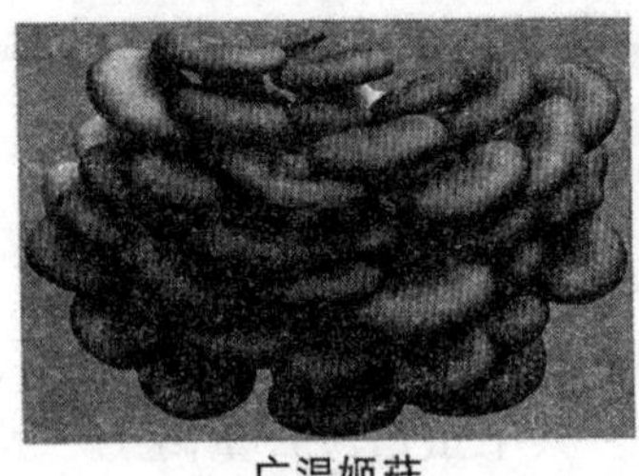
广温姬菇

姬菇一号

图 1 –1　姬菇

五、生长条件

1. 营养

栽培主料为阔叶树杂木屑、棉籽壳、甘蔗渣、玉米秆、豆秸、稻麦草等农作物秸秆，辅料为麸皮、米糠、石膏、玉米粉、过磷酸钙等。

2. 温度

小平菇属中低温型菌类。菌丝生长最适温度24℃~26℃，子实体生育适温因品种而异，日本小平菇为12℃~21℃、小平ND为15℃~23℃、姬菇为15℃~21℃，超过22℃，原基难分化，子实体难形成。夏季不出菇。

3. 水分

发菌期培养基含水量60%~65%为好，培养室相对湿度控制在60%左右；子实体生育期，菇房相对湿度应控制在85%~95%。

4. 光线

发菌期不需要光线，在菇蕾分化和子实体发育过程中需要一定散射光。子实体伸长期光照度以600~800勒克斯为宜，成熟期适当减弱光照度，对控制菇盖生长有利。

5. 空气

菌丝生长和子实体发育过程中都需要新鲜空气，尤其是在子实体生长过程中，如果菇房不通风或通风不良易长出畸形菇。

6. pH值

培养基pH值在5.5~8.0，菌丝均能生长，但最适pH值为6.0~6.5。

六、菌种制作

1. 母种制作

一是引进该菌斜面菌种繁扩，二是用该菌菇体采用组织分离法获得纯母种(其分离方法参照本书附录常规菌种制作技术)。获得纯种后，再转接到常规PDA或谷粒培养基上培养，即可获得第一代母种。

2. 原种和栽培种制作

(1)培养料可选用下列配方

①棉籽壳40%，甘蔗渣(或锯木屑)40%，麸皮18%，轻质碳酸钙2%，水适量。

②棉籽壳75%，麸皮15%，玉米粉3%，石膏2%，黄豆粉3%，石灰粉1%，蔗糖1%，水适量。

(2)配料装瓶(袋)灭菌　按常规进行。

(3)接种培养　将培养好的母种按无菌操作要求接入原种瓶(袋)培养30天左右，菌丝长满瓶(袋)即为原种。将原种按常规接入栽培种瓶(袋)培养，菌丝长满瓶(袋)即为栽培种。

七、常规栽培技术

1. 栽培季节

根据不同菌株子实体最适的生长温度和当地气候条件及市场需求，及姬菇生长特性(周期长)等综合考虑确定栽培季节，一般栽培袋培养时间需30～40天，因此选定栽培季节时应将制袋时间往前推30～40天，同时要根据生产规模，各级菌种的生产也要相应地提前。在常温下栽培，一般安排2—3月或8—9月分春秋两季进行。尽量避开高温季节出菇。

2. 要选用好品种

品种的优劣除影响产量外，还关系到商品价值。目前生产上使用的姬菇品种以冀农11，姬菇1号、2号，日本小平菇和小平ND较理想。

3. 培养料配方

经过实践，以下配方较理想：

(1)棉籽壳93%，麸皮5%，糖1%，轻质碳酸钙1%，水适量。

(2)棉籽壳75%，麸皮15%，玉米粉3%，石膏2%，黄豆粉3%，石灰1%，糖1%；另加磷酸二氢钾0.2%，硫酸镁0.1%，水适量。

(3)棉籽壳40%，甘蔗渣(或杂木屑)40%，麸皮18%，轻质碳酸钙2%，水适量。

(4)玉米芯(破碎)83%，米糠或麦麸10%，石膏粉3%，石灰粉2%，50%多菌灵，磷肥2%，水适量。

(5)杂木屑80%，米糠或麦麸12%，石膏粉2%，磷肥2%，白糖1%，尿素0.8%，石灰粉2%，50%多菌灵0.2%，水适量。

4. 栽培袋制作

(1)培养料中的杂木屑或甘蔗渣必须过筛，以免装袋时塑料袋被刺破。

(2)拌料时要混合均匀，含水量控制在60%～65%，以手抓料紧握指缝中有2～3滴水珠滴下为度。

(3)栽培容器一般选(17～20)厘米×(33～35)厘米×0.05毫米的聚丙烯塑料袋，每袋装料高度13～15厘米、干料重0.5千克(湿料重0.9～1千克)。

5. 栽培方式

姬菇栽培方式分室内栽培和室外棚栽两种。室内栽培一般为床架式栽培，室外棚栽又可分为墙式叠袋栽和棚畦袋式覆土栽培。具体做法与一般菇耳类相似。

6. 出菇管理

由于姬菇不同菌株出菇温度有所不同，当培养室温度为其出菇适温时，菌丝走到1/2或1/3就有可能出菇。总的原则为菌丝达到生理成熟即可将栽培袋移至出菇室(棚)进行出菇管理。栽培方式不同，栽培袋排放和开袋方式也有所不同。具体要求如下。

(1)室内床架式栽培，可将两头袋口绑紧，侧面划3～5个口开袋出菇，亦可将袋口一端的塑料割掉出菇。

(2)室外阴棚墙式栽培，可将栽培袋口上下左右交叉像墙一样堆叠出菇，叠袋高以12层左右为宜。

(3)室外棚畦式覆土栽培，可将袋口两端割掉及朝上的一面划破留3～5个出菇口后平放在畦上，再用沙壤土覆盖，让其出菇。也可将菌袋打开袋口后竖立排放于畦床上，覆1～2厘米厚的沙土出菇。

(4)出菇阶段要根据不同菌株的特性，掌握温度、湿度、空气和光线四大要素并有机协调管理。

①温度管理：在栽培过程中遇到气候变化，要及时采取措施

进行温度调节，当气温降低时，可将菇棚(房)四周关紧，必要时可用地膜把栽培袋口盖密；当气温升高时，尤其是气温超过25℃时，早晚可打开菇棚(房)的遮盖物，同时可增加菇棚(房)内地面的湿度和空间相对湿度，以利降温。并要人为地拉大昼夜温差，促使菌丝扭结，形成原基。

②湿度管理：菇棚(房)的水分管理一方面要根据菇棚(房)内的保湿性能和气候变化的情况灵活掌握，晴天可多喷水，阴雨天可少喷水，菇棚(房)内空气湿度保持在85%～95%。另一方面要根据子实体发育期进行水分管理，催蕾期只要保持栽培料面湿润即可，随着子实体的长大喷水量要适当加大；但菇棚(房)内不能长时间保持高湿状态，相对湿度超过95%就必须通风降湿。湿度过大，易引起病虫害和子实体畸形。

③通风管理：子实体生长期间需要有足够的氧气，如果菇棚(房)内长期不通风或通风不良，容易长畸形菇，因此在出菇期间要结合喷水管理经常通风换气，以利子实体健壮生长。

④光线管理：出菇期间需要有适当的散射光，但菇棚(房)内的光线不能太明亮，更不能有阳光直射。

7. 病虫害防治

(1)病害　小平菇菌丝培养阶段，常见的杂菌有绿色木霉、青霉、毛霉和红色链孢霉等(图1－2)，发现后应及时处理。具体防治方法同一般菇类。子实体生长阶段，主要杂菌是黏菌，发现后应及时将染有黏菌的栽培袋进行处理，同时加强菇棚(房)通风，可减轻危害。

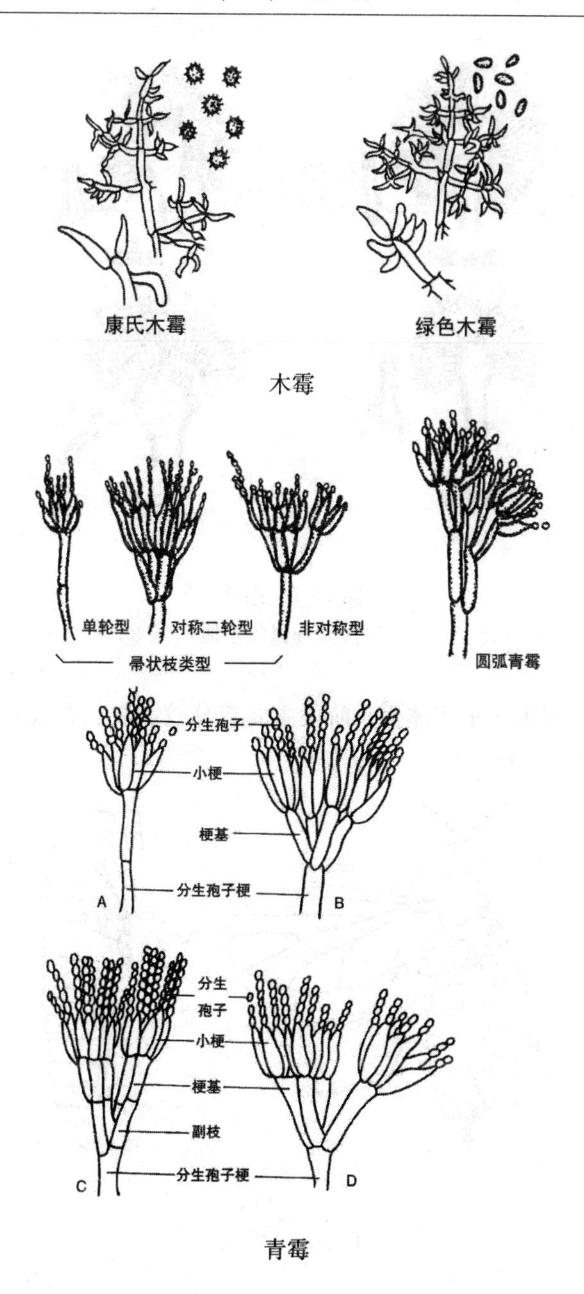
康氏木霉
绿色木霉
单轮型
对称二轮型
非对称型
帚状枝类型
圆弧青霉
分生孢子
小梗
梗基
分生孢子梗
A
B
分生
孢子
小梗
梗基
副枝
分生孢子梗
C
D

木霉

青霉

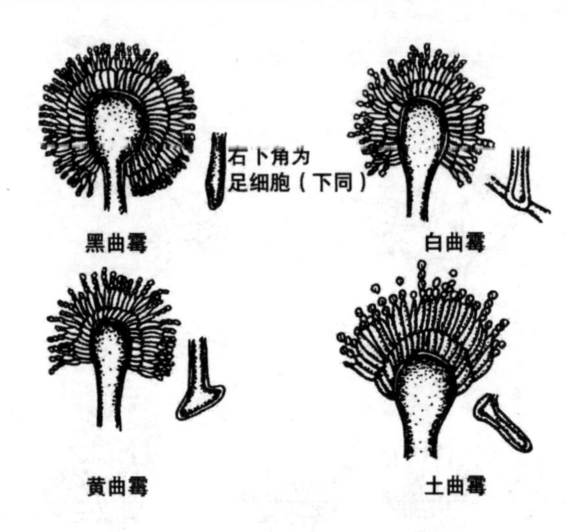

曲霉

图1-2　杂菌

（引自《菌种保藏手册》）

（2）虫害　子实体生长阶段主要有菇蚊、螨虫、菇蝇和蚤蝇为害。（图1-3）

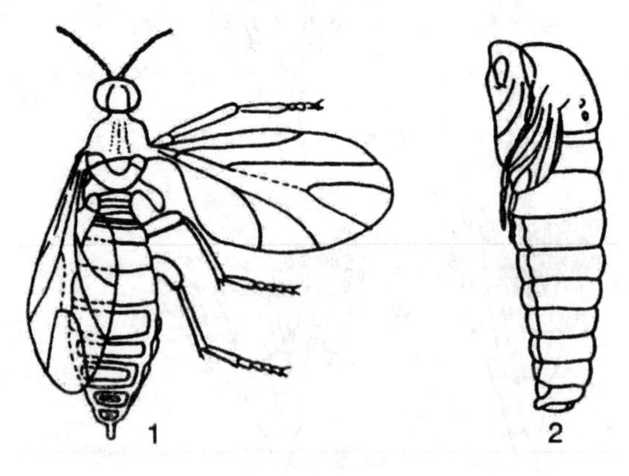

A. 菇蚊

1. 成虫　2. 蛹

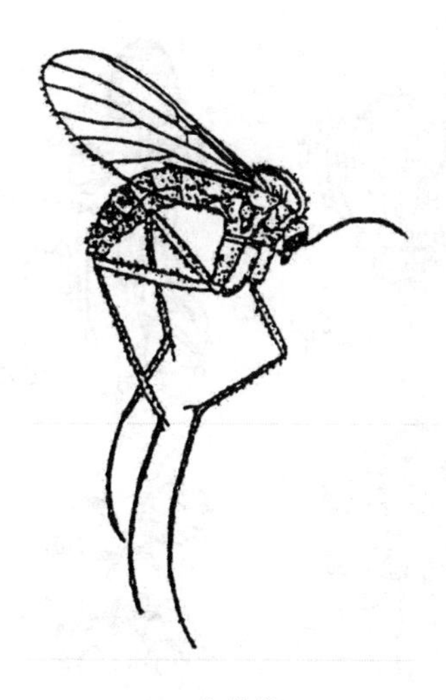

B. 大菌蚊

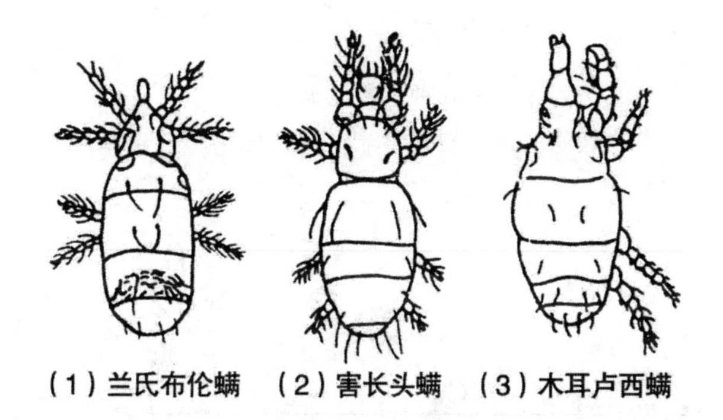

C. 螨虫

图1－3　主要害虫

防治方法:蛞蝓和蜗牛可用3%密达颗粒剂诱杀防治,菇蝇和蚤蝇可用25%杀灭菊酯稀释1000倍进行防治。在防治害虫时要特别注意不能将农药喷到菇体上,以免影响菇质。

(3)危害姬菇的杂菌(图1－4)

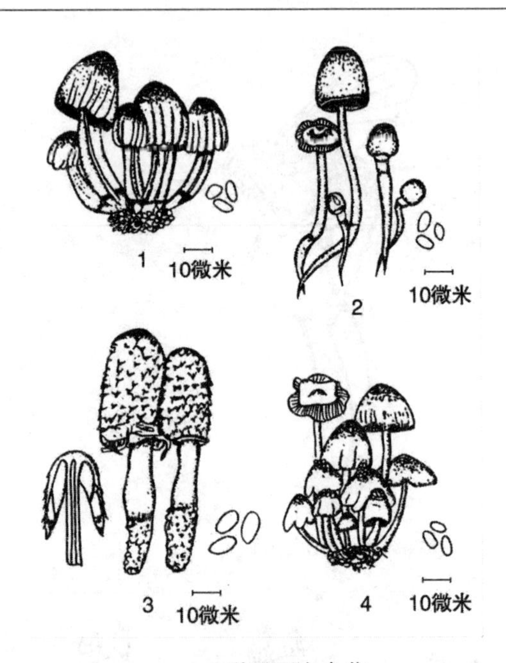

几种重要鬼伞菌

1. 墨汁鬼伞　2. 长根鬼伞　3. 毛头鬼伞　4. 晶粒鬼伞

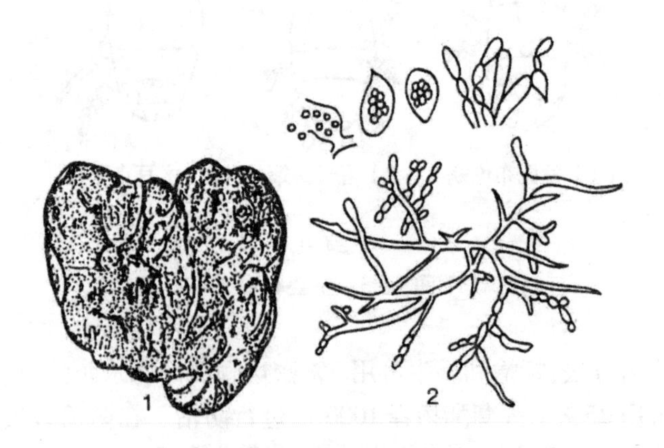

胡桃肉状菌

1. 子实体　2. 菌丝体、子囊及子囊孢子

图1-4　危害姬菇的杂菌

(4)危害姬菇的动物(图1－5)

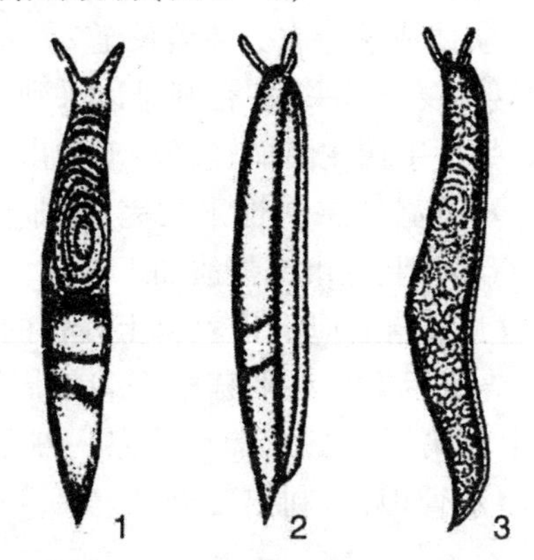

1.野蛞蝓　2.双线嗜黏液蛞蝓　3.黄蛞蝓

蛞蝓

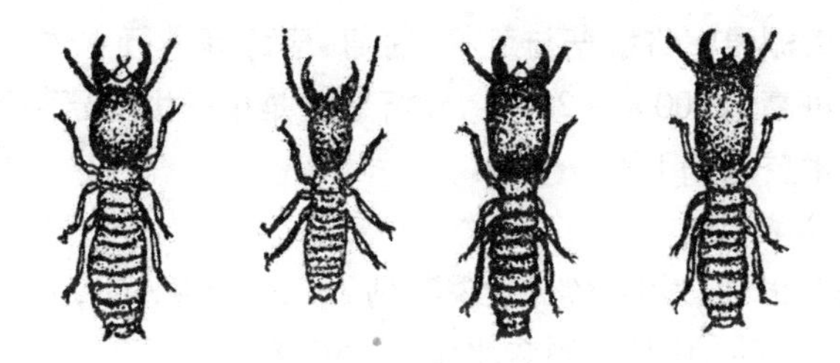

白蚁

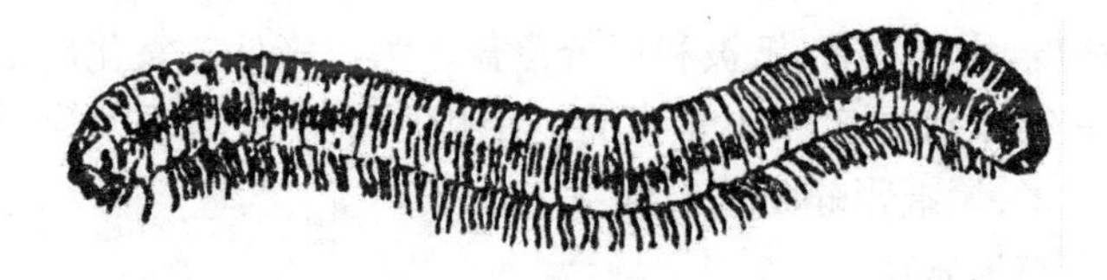

马陆

图1－5　几种危害姬菇的动物

8. 采收与采后管理

(1)采收　子实体成熟标志为菌盖长至2～3厘米、菌盖边缘内卷、孢子尚未弹射,要及时采收,否则难以采到一级菇。采收时一手压住培养料,另一手握住菌柄轻轻转动拔出子实体即可。小平菇多为丛生,一丛菇必须一次性采收完,随即整理后用塑料袋或纸盒等容器进行小包装上市或盐渍加工。

(2)采后管理　采菇后应将培养料上残留的菇根清理干净,防止腐烂后引起杂菌污染。小平菇整个栽培周期需要3～4个月,产量主要集中在第一、二、三潮。采完一潮菇后应停止喷水2～3天,再进行喷水管理,以利出二潮菇。每潮菇转潮需要8～12天。

八、优化栽培新法

(一)大棚立体栽培法

利用大棚温室将姬菇与蔬菜、葡萄、草莓等进行立体栽培,生物学效率可高达200%～250%,经济效益是单一生产菇菜的4～6倍。其技术要点如下。

1. 培养料配方

棉籽壳92%,麸皮3%,过磷酸钙2%,消石灰3%,pH 6.5,拌匀后闷料1小时,使培养料含水量在65%左右。

2. 培养场地及设施

选择背风向阳处建室,墙厚为60厘米,后墙高为2米,后坡顶距地面高3.7米,南北宽5米,东西长10米,用竹板为骨架构成向阳坡度,用塑料布、纸被和草苫覆盖。为了降低二氧化碳浓度,确保菌丝体和子实体正常发育,在棚顶端安2个通风管,管高1.5～2米,尾端距畦面高0.7～1米。

3. 整地做畦

(1)畦播法做畦　南北向畦宽70厘米、深30厘米,为了充分利用温室面积,做成一宽(30厘米)一窄(10厘米)畦埂,将畦壁夯实,在宽畦埂上横放一层砖为管理通道。

（2）立体法做畦　畦宽、畦深同畦播法，畦埂做成一窄（30 厘米）一宽（40 厘米）的形式。播前一天在畦内灌水（浇透为度），并用高锰酸钾和甲醛按1∶2的比例在畦内进行熏蒸消毒，密闭一天播种。

4. 播种要求

根据产品上市的季节确定播期。一般 10 月上旬播种为宜。播种和栽培方式可分以下两种。

（1）畦播（亦称大床栽培）　采用层播法（三层菌种三层料），由底向上一层培养料一层菌种，共三层培养料三层菌种，用料量为 18 千克/米^2，用种量为 1.5 千克/米^2。上层与下层用菌种各占 35%，中间占 30%。播后上盖薄膜以保持基质含水量的稳定。

（2）袋播（袋料栽培）　装料量 1.2～1.3 千克/袋，用种量 100 克/袋，采用三层菌种两层料播种法接种，即一层菌种一层料，用种量上下两层各占 35%，中间一层占 30%。

5. 发菌和出菇管理

同常规。

（二）菇菜间作栽培法

1. 栽培形式

（1）姬菇与蔬菜间作　采用姬菇与蔬菜1∶1或2∶1的比例进行间作，将蔬菜和姬菇分别播种在温室两侧，二者之间用塑料布隔开，并留一定的通气孔，采取菇盖草帘、菜不盖草帘的措施人为造成两种生态环境，以利菇菜正常生长。

（2）姬菇与菌袋墙式立体栽培　如选用 180 平方米立体栽培，用菌袋 600 袋立于畦上，用 30 厘米畦埂为作业道，40 厘米畦埂摆垛菌袋 10～15 层，出菇前将菌袋两端口打开，出菇期间要每天喷水 1～2 次，保持菌袋水分和空气相对湿度，以利出菇。

（3）姬菇阳畦与葡萄立体栽培法　在温室葡萄架下畦栽姬菇，做畦标准同上述“大棚立体栽培法 3. 整地做畦（1）畦播法做畦”。在阳畦上适当盖草帘遮光，以勤喷水达到降低畦内温度和增加畦内湿度目的，人为创造立体环境差异，以利出菇。

(4)姬菇与草莓立体栽培法　在温室内设床架,架宽60~70厘米,架高1.5米。营养土厚度为25厘米,在架上栽姬菇(放袋出菇),架下畦栽草莓,其栽培和管埋方法同前述“4. 播种要求”中的“(1)畦播”。

2. 技术关键

菇菌套栽,要在常规栽培管理的基础上,做好以下几点。

(1)切割培养料　将发满菌的培养料切割成20厘米大小的方块,以切入土层为度。实践证明,切割培养料比不切割培养料提高产量20%以上。其增产机理是:增强了通气性,为菌丝生长提供了充分的氧气,增强了菌丝活力,又发挥了边缘优势,菌块现蕾量增多。

(2)提前通风　在控制适宜温度、湿度的前提下,将第一次通风时间提前到播种后第5天较为适宜。提前通风可给旺盛发育期的菌丝提供充分的氧气,并提前释放培养料中所含残余氨气,以利菌丝健康生长,促使上部菌丝尽快占领料面,加快吃料速度,防止杂菌污染,为高产奠定坚实基础。

(3)设置通风管　在棚顶安装通气管,管长2米,距地面高1~0.7米,以利及时排除棚内高密度的二氧化碳,减少对菌丝和幼菇生长的危害。

3. 立体栽培的优点

利用温室进行菇菜间作有以下优点和好处。

(1)可充分利用温室空间,温室姬菇阳畦栽培与菌袋墙式立体栽培相结合,因有效地利用了温室空间,单位面积经济效益高,是单一生产蔬菜的4~6倍。

(2)菇菜间作,单位面积产量和产品质量均高于单种菇菜。因为菇体的呼吸作用释放的二氧化碳对蔬菜的光合作用有明显的促进作用,有利营养物质的积累;而蔬菜放出的氧可促进姬菇菌丝和子实体旺盛生长,有利提高产量和品质。菇的产量比单种高4~6倍,蔬菜产量比单种高30%左右。

(3)温室姬菇阳畦与葡萄立体栽培,能充分发挥空间优势,综合经济效益也是单一种植一种菇菜的4~6倍。

（三）地沟栽培法

小平菇地沟栽培，利用冬暖夏凉有增温效应的优点，可克服通气不良和散射光需要装电灯等操作不便的缺点。其技术要点如下。

1. 开沟垒菌墙

沟深2米，宽2~3米。上面覆盖透光增温、保湿的塑料薄膜和覆盖物（一般为麦草）。在温度20℃~25℃和暗光及通风良好条件下，将发好菌的塑料袋，放地沟内垒成5~6层高的菌墙，2~3米宽的地沟可分别垒1~3排菌墙。

2. 出菇期管理

（1）光线调节　变换塑料膜上覆盖物薄厚，满足各个生长阶段光线的要求。

（2）湿度调节　菌块出菇前重洒一次水，整个产菇期少喷水，空气相对湿度保持在80%~90%。

（3）气体调节　地沟两头留有足够通气孔，沟壁每隔3厘米留对应两个通气孔，再加上揭膜等措施，完全可以灵活控制二氧化碳浓度。

（4）温度调节　秋、春增减覆盖物厚度和通风换气次数，控制温度在13℃~17℃。冬季白天太阳照到地沟时，取掉塑料膜上的麦草，充分发挥塑料膜的增温作用，日落后要做好保温工作，用双层塑料膜增温，即每隔2米横放一条直径20厘米以上的草把或用直径30厘米塑料长袋（超过地沟宽）装棉籽壳或短麦草，形成半软的圆柱体，横搭在地沟第一层塑膜上，然后再纵向盖第二层塑膜，两层之间相距20厘米。这样就形成一个空气不流动的绝热层，绝热保温效果极佳，使冬天仍能正常出菇。

(四)半地下式棚(图1-4)栽法

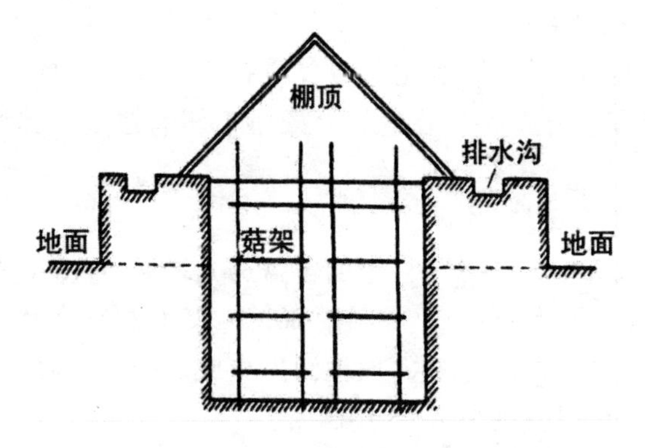

图1-4 半地下式菇棚纵侧截面示意图

实践证明,采用半地下式棚栽姬菇可获得高产,其技术要点如下。

1. 生长条件

(1)营养 姬菇属木质腐生菌,可广泛利用棉籽皮、玉米芯、豆秸为培养料。目前以棉籽皮做培养料最为广泛。据调查,棉籽皮的生物转化率为65%~80%,玉米芯生物转化率为60%~65%,豆秸生物转化率为70%。

(2)温度 姬菇属中低温型菌,有变温结实性。菌丝生长的最适温度为22℃~24℃,子实体原基分化温度为10℃~17℃。在一定范围内,温度变化越大,子实体分化越快。姬菇一般为秋冬栽培,7月上中旬三级繁种,9月15—20日接种栽培,10月中旬出菇。3月底4月初气温达20℃~25℃以上,子实体不宜形成,采菇结束。

(3)湿度 菌丝生长阶段培养料含水量在65%为宜,空气湿度控制在85%~90%,过低子实体发育缓慢、瘦小,过高会引起杂菌污染、腐烂。

(4)空气 新鲜空气是姬菇生育的重要条件。菌丝发育阶段要注意通风散热,出菇阶段加强通风换气。据观察,空气中二氧化碳浓度高于0.4%，易造成子实体根粗、柄长、菌盖小等畸形，影响产量和品质。

(5)光线　菌丝发育阶段，基本上不需光。姬菇一般采取在阴凉处利用麦秸遮盖处理。原基分化阶段，需要一定的散射光，以利刺激菇体的形成。光线强度100～200勒克斯。子实体形成期，以弱光为好。在阳光直射或黑暗条件下，均不能产生子实体，有时勉强发生也多属畸形。

(6)pH值　要求微酸性，培养料pH值为5～7。

2. 栽培准备

(1)棚室建造　选择背风向阳坡地，建东西长8～10米，南北宽3～5米，地下深1米，棚内最高处2米的棚室。周围筑墙北高南低呈30°角，东西墙留对称排风口。竹木架、塑料封顶，加盖草帘。

(2)菌株选择　要选择抗病、高产、适应性强的菌株。经调查，目前生产上以姬菇89、85菌株为主，其次为北农11和33。姬菇89平均生物转化率为78%，较其他品种可提高8%～15%。

(3)栽培管理

①培养料准备：每100千克棉籽壳中加入麸皮5千克，石膏3千克，再加入90%敌百虫晶体和50%多菌灵各150克，料水比1:1.4，拌好后堆闷1～2小时，用手紧握料指缝中有水渗出为宜。将拌好的培养料按常规方法进行装袋(高压灭菌用17厘米×33厘米聚丙烯袋，常压灭菌用26～45厘米的聚乙烯袋)，每袋装湿料2.5千克左右。

②灭菌接种：装袋后采用常压灭菌，冷却后按无菌要求接入菌种量为料的15%。

③菌丝培养：接好种的菌袋要立即置于22℃室温下避光培养，根据菇房内温度决定排列层次，如温度较低时，可适当多放些，以利保温防冻；当温度升至20℃以上时，堆积的层数可适当减少，以利通风散热。一般堆4～6层，每3～6天翻堆一次，并及时处理杂菌。温度控制在20℃～27℃，要保持棚内空气新鲜，空气

相对湿度不超过70%。

④出菇管理：发菌20～30天菌丝发透，此时打开袋两端，去掉封口物，喷水降温。并给予温差刺激，促菌蕾形成。子实体分化生长温度为10℃～20℃，以15℃～17℃最适合，空气湿度维持在85%～90%，散射光强度在200勒克斯左右，促进子实体正常生长。

4. 采收加工

(1)采收　根据市场需求，当菌盖长到1.5厘米，柄长4～6厘米时，要及时采收。采收时宜一手按住菌柄基部培养料，一手轻轻采菇。

(2)加工　采下的鲜菇用小刀切去根部，分成一、二级，按级别在10%的盐水中煮沸杀青6～10分钟，捞出倒入冷水冷却3分钟，再在25%的盐水中腌制，菇水比1:1，波美比重20度，经15天按级别封藏，装桶后再加饱和盐水，并加入柠檬酸、偏磷酸钠、明矾(5:4.2:0.8)组成的调酸剂，防止酵母菌引起腐败。

(五)半阳畦式栽培法

1. 适期种植

姬菇适于冷凉气候环境，以秋冬季节栽培为主，其中又以秋季栽培为最佳。秋棚姬菇于9月中旬拌料接种，可避开夏季高温的影响，减少杂菌污染，提高成功率。

2. 品种选择

选择菌盖褐色、圆整，菌柄长、色白，菌丝粗壮、抗杂菌能力强、转潮快、适应原料广、产量高，适合加工出口的优良品种。如冀新1、2号，日本小平菇等。

3. 培养料的选择与配制

(1)选料　可做姬菇培养料的农副产品原料很多，且用生料即可，但必须保证原料新鲜、无霉变、无虫蛀、不含农药或其他有害化学物质。在接种前，选在晴好天气，各种原料均须摊开暴晒2～3天，以杀死料中杂菌。玉米芯、豆秸等应预先粉碎。

(2)配方　棉籽壳培养料：棉籽壳90%，麸皮或玉米粉5%，石灰5%;另加磷酸二铵1%,磷酸二氢钾0.3%,硫酸镁0.2%,多菌灵0.1%,水120%~130%。

(3)拌料　先把石灰、尿素、二铵、磷酸二氢钾、硫酸镁、多菌灵等加入水中溶解成混合液,在水泥地板上将干料混合均匀,拌上混合液即可。

(4)闷料　拌好的料要堆闷24小时以上,以使水分充分浸润到料的内部。

4. 装袋、发菌

(1)料袋　塑料袋可选用普通聚乙烯薄膜袋,宽20~25厘米,长40~45厘米,每袋装干料0.8~1千克,一般每500千克料需用塑料袋1.25千克。

(2)接种　将闷透的料装袋前再充分拌一次,料的湿润度以用手攥紧料手指间见水而不滴水为适中。装料松紧适度,用塑料绳扎紧袋口。料袋按三层菌种四层料或四层菌种五层料,每层菌种量大致相等,两头用料略少,盖住菌种即可,每百千克干料用菌种10~15千克,有条件的可加大菌种用量,以提高发菌效率。

(3)发菌　将装好的袋子从中间顺袋子长轴,用2厘米粗的削尖的木棍或火具,透穿一个通气孔,之后选择干净的菇房或树荫,将料袋按“品”字形码放。堆高6~8层。料垛可两密一稀布置,密距15厘米,稀距50厘米,有利于通风、管理,并可节省占地面积。

5. 发菌期管理

(1)料袋在院内堆放发菌。空气新鲜,利于发菌,但必须注意遮阴,严防阳光直射。

(2)还应经常检查堆温,控制在25℃~28℃,堆温超过30℃应及时倒垛散温,加大通风,防止高温烧菌;堆温低于20℃,应设法增温保温。

(3)每隔5~7天倒垛一次,将上层袋往下放,下层袋往上放,使料袋受温一致,发菌整齐。倒垛的同时,检查每一袋菌丝生长情况,拣出污染变色袋。

(4)发现菌丝不吃料、生长不旺、中段停止、色发暗的袋,就说明缺少空气,料过湿,查明情况,采取补救措施。或打孔通气,或松开袋口散失多余水分,以利菌丝正常生长。

6. 建棚入棚

(1)建棚　将棚址选在通风、清洁的庭院或闲散地,取东西向长10~12米,南北向宽5~6米,挖成深1米的地沟,挖出的土在地沟边打1米高的围墙,南北围墙上各设4~5个、东西围墙各设2~3个通气孔。一般相对方向的通气孔设成一高一低,以利于空气对流。东西墙做成半圆形,沟顶东西向放置若干竹竿做棚架,架上南北向放置竹片加固,上面覆盖塑料布和稻草或麦秸。地沟内中间留70厘米做通道,两边做成略低于通道的畦床,畦床上南北向每隔70厘米做一个宽40厘米的高出通道的小埂,以利行走、灌水和防止最底层菌袋长出的菇着地。

(2)入棚　在外界气温明显下降或有寒流到来时,一般于10月底至11月上旬,视情况及时将菌袋入棚。入棚前要先向棚内浇足水,等水渗下去后,将菌袋按菌丝成熟情况分类整齐地码放于畦床小埂上。堆高7~10层,一般每棚可放2500~3000个菌袋。排放好后,解开菌袋两头的扎口,剪去两头多余的塑料膜,暴露料面,以利增氧,促进菇蕾形成。

7. 出菇管理

重点是通风换气,增加湿度,散光诱导,加大温差,通过变温刺激,促进子实体形成。初入棚时,因温度较高,应经常向棚内灌水,向棚中空间喷水,一可保证棚内足够的空气湿度,二可通过水分蒸发达到棚内降温。夜间进行通风,使棚温降低,达到加大温差效果。棚内光线强度以能看报纸即可,光线过弱时,可减少棚顶的覆盖物调节。如此期温度高、通风量小,幼菇就会缺氧死亡;如光线过暗,就会出现柄长、盖薄、肉脆的高脚菇。

冬季,以增温为主,白天增温保温,夜间通风换气降温,拉大温差刺激出菇。姬菇子实体4℃就可以生长发育,8℃~10℃时发育的菇质好,商品性状好。一般每天通风一次,每次30分钟。中午喷水,喷水后可通风。严冬季节,为了保温,只在中午通风,白天让棚内光线略强,用以增温。

春季气温回升快,气候干燥多风,要逐渐加厚棚顶覆盖物遮阳降温,白天要打开北面和两头的通风口。通风时间视天气和菇体生长情况而定。大风天气,不通风或少通风,阴雨天、无风天可开大通风口,延长通风时间。春季要加强夜间通风,降低夜间温度,拉大昼夜温差,每天向棚内四壁喷水1次,2~3天向棚底灌水1次,保持棚内空气湿度在85%~90%。

8. 采收及采后管理

(1)采收　按收购要求适时采收,采大留小。一般收购标准:一级菇菌盖直径0.8~1.5厘米,菌柄长3~3.5厘米。

(2)采后管理　每采一茬菇后,随即清理料面,去除死菇、菇根、杂物,注一次营养液。营养液配方:二铵1%,尿素0.3%,磷酸二氢钾0.3%,磷酸镁0.15%,葡萄糖0.3%,三十烷醇、菇壮素各30毫升。注后注意保温保湿,让菌丝充分恢复,经7~10天见有菇蕾出现时,再按上述出菇期要求进行管理。

(六)玉米芯栽培法

利用玉米芯(秆)栽培姬菇具有取材广、成本低、产量稳、效益高、品质好等特点,现将其技术要点简述如下。

1. 原料配方

(1)玉米芯粉培养料　取新鲜、干燥、未腐烂发霉的玉米芯100千克粉碎,加入麦麸5~10千克,取水120~130千克加入生石灰1千克,石膏粉1千克,多菌灵200克,尿素或复合肥2~5千克,充分搅拌均匀即可。

(2)玉米秆培养料　将玉米秆压破后冲入1%石灰水浸泡36~48小时,然后捞起晒干,加入0.2%的多菌灵。

(3)玉米芯与棉籽壳混合培养料　取玉米芯粉70千克,拌入棉籽壳30千克。取水120~130千克,加入生石灰1千克、石膏粉1千克、尿素或复合肥2~5千克、多菌灵200克,充分搅拌均匀后即可混合。

2. 堆积发酵

玉米芯(秆)内大多带有杂菌、虫卵,为保证栽培的成功,最好在发酵后使用,堆积发酵可杀死大量的杂菌和害虫。具体做法是将培养料与水充分混合后堆积,盖上薄膜发酵即可。

发酵期间应注意观察料温,保持料温在65℃以上,36小时后翻堆一次,再发酵36小时,料堆的水分开始可多一点,并尽可能保持料堆的疏松,以利好气性微生物得以大量繁殖。培养料发酵好之后,按料多少喷入0.1%~0.2%的敌敌畏,边喷边混合均匀,以杀死漏网害虫,然后即可播种。

3. 铺料播种

上床前先将堆料摊开,待其温度降至自然温度时才可铺料播种。

4. 栽培方式

(1)室内地面床栽

①消毒做框:栽培室要求保温保湿,离禽舍远,彻底灭菌消毒;清除地面及墙壁四周灰尘,用4%石灰水冲洗1~2次。

若是老菇房,消毒应更加严格:

A. 用敌敌畏对菇房墙缝隙喷药治虫。

B. 用石灰粉刷嵌补墙壁缝隙。

C. 用薄膜密闭门窗,每立方米空间用甲醛10毫升加高锰酸钾7克气化熏蒸,如果门窗屋顶达不到密闭,则可采取向墙壁四周喷来苏水和新洁尔灭药剂(按说明配制),连续2~3次,代替熏蒸。

D. 在铺料前对地面浇浓石灰水,然后用木板做框模,宽1.2米,高25厘米,长不限,将地膜垫在框模内。

②分层播种:首先撒一层菌种在地膜上再铺一层培养料。这样一层菌种一层料,共三层料四层菌种,分层用脚踏实,使菌种与料紧密结合,有利发菌。播种量一般为干料的10%,料面用种为总量的40%,其余各层为20%,播完种铺一层报纸,再盖好薄膜发菌。

(2)室外露天床栽

①场地选择:可选择地势较高,排灌方便的稻田或林间。以

南北向做床,宽1~1.2米,长不限,床边用土培成小埂。埂宽15厘米、高20厘米,四周挖好三沟(腰沟、围沟、畦沟),用1∶200倍敌敌畏或乐果喷洒,再撒一层干石灰以消灭杂菌。

②播种要求:将处理好的培养料预先铺一层,床底踏实,撒一层菌种铺一层料,分三层播完,用种量为干料的10%。最后压实培养料,使其中心高,边沿低,呈弓背形。再盖上薄膜,用草帘遮阳,发菌培养。

③菇床管理:

A. 密封发菌:播完种后,气温若正常一般不须揭膜,若培养料温度超过36℃以上,必须揭膜降温,待料温下降后,继续覆膜发菌。正常情况下,20~30天菌丝即可长到底,若露天栽培,发菌期要勤检查,防暑、防雨水浸渍。

B. 开放出菇:当菇床上有原基形成,出现白色鱼卵水瘤块时,逐步揭膜,在室内地面、墙壁、空间喷水,保持湿度在85%~90%。切忌直接向菇蕾喷水。露天栽培应支弓搭架,覆膜盖上草帘遮阳,严防日光直射和风直接吹菇床。当形成幼菇时,可采取少喷、细喷、快喷、勤喷雾状水,随菇体逐渐增大,喷水次数应逐渐增加。

④采收与采后管理:

A. 采收:当菇约七八分成熟时,即可采收。采收时为了不把培养料带起,可用小刀割取基部,采完菇后,挖去残留菇脚,以防腐烂后引起病虫害。

B. 采后管理:采完一潮菇后,可以在培养料上按13厘米×13厘米的间距打穴灌入1%糖、0.2%复合肥(或尿素),然后用800倍多菌灵拌潮土或湿沙盖床面2厘米厚,覆膜养菌恢复生长,约10天后可采第二潮菇。每采一潮菇按上法管理,共可采三四潮菇,总生物转化率可达130%~140%。

(七)生料露地池栽法

1. 场地选择及挖池

菇场应选择在靠近水源、地形平展、土壤有机质含量应较高的地方。挖池是姬菇池栽能否获得高产的最关键技术之一。经过试验,以池宽为115厘米,池中有一宽度为15厘米的窄埂将池宽分成各50厘米的两半,池长2米,池深15厘米最佳。

池底应整平、压实,池壁略带倾斜。池埂不能压得太实,以利菌丝体蔓延生长增加出菇面积。

池子挖好之后,池内用5%的石灰水浸泡3次。水的多少以8小时后池内无剩余的水为宜。其作用是:杀死对平菇生长有害的蚯蚓、蝼蛄等地下害虫,使池内各个地方吸足水分,避免池土吸收培养料的水分。

2. 培养料配制

以新鲜、干燥、无霉变的棉籽壳产量最高。因为棉籽壳物理性状好,营养丰富,透气性好,菌丝发育快。

配料前最好将棉籽壳在阳光下暴晒2~3天,以利用阳光中的紫外线灭菌。培养料配方为棉籽壳98%,蔗糖1%,石膏粉1%,料水比为1:(1.3~1.5)。用多菌灵作为杀菌剂,用量为每100千克干料用10千克多菌灵掺80千克水拌料。

拌料时先把棉籽壳摊开,边倒水边拌料。料拌好后用锨拍实压紧,上盖塑料薄膜闷半小时,让料充分吸水,使药物发挥作用,这样可杀灭病虫。半小时后,检查料的干湿程度,以手握料,指缝间可渗出水,但流不出水滴为宜。然后即可装池做床,料厚以10~15厘米为宜。

3. 播种要求

采用层播和点播方法均可。播种完毕之后,适当将料面压实,然后盖上旧报纸,这不仅能隔绝杂菌,还可以吸收发菌期间所产生的多余水分,防止杂菌污染料面。最后用塑料薄膜将菌床全部盖严,周围用砖块或竹片压膜,以起到保湿、保温、预防杂菌的作用。出菇前在池边插上竹弓,盖上较厚的塑料,做成简易出菇棚,棚的最大高度以离菇床面30~40厘米为宜,这样既节约塑料,也不影响全面观察。再在塑料上铺上草帘,可以进一步起到晚上保温、白天避免阳光直射,以及防止风吹、雨淋菇床的作用。

4. 发菌管理

生料露地池栽姬菇的管理有其特殊性，原因是首先培养料由于没进行前发酵，故播种后还有一个后发酵作用，会产生高温；其次露地栽培菇床的水分蒸发量大，失水较多；第三，池栽姬菇池内有一定的保温性，菇床内日平均温度比小畦栽培高2℃~3℃。鉴于此，应采用以下特殊的管理方法。

（1）定时揭膜通风　发菌期间的温度应控制在4℃~36℃。播种后，每天中午或下午定时揭开菇棚两头的薄膜和草帘，使空气对流，通风散气。这样可起到降温、降低棚内二氧化碳浓度的作用。

（2）定时喷水　发菌期间一般不要随便揭开棚内薄膜观看，特别是发菌前半月。应每隔1周向棚内喷一次杀菌剂，既起到增加空气湿度，又起到杀菌的作用。

5. 出菇管理

进入出菇阶段后，保湿是关键。出菇后可将菇床上的薄膜完全揭去，但不应揭去草帘和拆掉大棚。培养料缺水时应及时浇水，只能用喷雾器细雾勤喷。浇水应看菇、看天、看季节。天气晴朗，气温高时，一天可喷2次水，每次适当多喷；菇大也可多喷，否则，应少喷或不喷水。

6. 采收与采后管理

在正常情况下，一般秋季和春季在40~45天内就可出菇，冬季50~55天可出菇，采收3次菇之后，可在培养料菇床表面覆盖1.5~2厘米厚的细肥土。这样既可保持床面湿度，又能起到增产的作用。

（八）锯木屑栽培法

适合栽培姬菇的树木有杨、柳、槭、榆、桦、椴等阔叶树的木屑。用木屑栽培姬菇，原料来源广，栽培成本低，产量高，品质好。现将主要技术介绍如下。

1. 栽培季节

自然气温下栽培姬菇，仍以春季和秋季栽培为好，其中秋季是种植姬菇的最佳时间。因为秋季气温由高到低变化，前期气温较高,适宜培养菌丝体;后期气温较低,适于子实体的分化及生长。只要控制好水分、通气性等条件,均可生产出优质的姬菇产品。如果能在人工菇棚内调节好温、湿度,还可实现周年生产。

2. 菌种制作

棉籽壳、玉米芯等培养料为基质,按常规制作菌种。品种一般以中温型或中低温型的菌株生产性能为好。

3. 培养基配方

(1)杂木屑 75 千克,过磷酸钙 2 千克,麦麸或米糠 20 千克,石膏 1 千克,石灰 2 千克。

(2)杂木屑 75 千克,石膏 1 千克,麦麸 20 千克,石灰粉 2 千克,尿素 1 千克,糖 1 千克。

(3)木屑 57 千克,稻壳 20 千克,棉籽壳 20 千克,石灰 2 千克,过磷酸钙 1 千克。

(4)杂木屑 93 千克,尿素 0.2~0.4 千克,麦麸 5 千克,碳酸钙 0.4 千克,蔗糖 1 千克,磷酸二氢钾 0.2~0.4 千克。

(5)杂木屑 92 千克,过磷酸钙 1 千克,麦麸 5 千克,石膏粉 1 千克,蔗糖 1 千克。

(6)木屑 87%,麦麸 5%,玉米面 5%,石灰、石膏、磷肥各 1%;另加多菌灵 0.1%,含水量 60%。

(7)杂木屑 97%,糖 1%,石膏 1%,过磷酸钙 1%,水适量。

(8)杂木屑 90%,麦麸 9%,石灰 1%,料水比 1:(1.5~1.7),pH 值为 8 左右。

(9)阔叶树木屑 98%,尿素 0.4%,石膏粉 0.15%,过磷酸钙 0.2%,葡萄糖 1%,硫酸镁 0.05%,多菌灵 0.2%,含水量 65%,pH 值自然。

(10)阔叶树木屑 78%,麦麸或米糠 20%,白(蔗)糖 1%,石膏粉 1%,含水量 65%,pH 值自然。

4. 原料处理

木屑或杂木屑以存放 3~6 个月为好,而且粒度要粗些,便于通气。木屑栽培平菇、姬菇以熟料为宜。生料栽培发菌期长、通气性不良,菌丝生长弱,生产性能差。原料处理要求如下。

(1)过筛　木屑、麦麸、米糠等主料,要过2~3目的筛子,以剔除原料中的小木片、小木条及尖钉、玻璃片等,以防止装料时刺破塑料袋。

(2)混拌　把木屑、麦麸、米糠等放入拌料机或地面上,人工拌料混合均匀。蔗糖、尿素、磷酸二氢钾等可溶物溶于水中,再加入干料进行搅拌,使干料吸水均匀。测定拌料后的含水量为60%,pH值为7.2~7.4。

5. 装袋

选用(18~24)厘米×(33~45)厘米×(0.04~0.05)厘米厚聚丙烯袋或低压聚乙烯塑料袋,用人工或装袋机装袋。边装边压实,在袋口套颈圈、套盖。拌好料至装袋结束,要求在4小时内完成,以避免原料酸败变质。

6. 灭菌

高压蒸汽灭菌锅灭菌,0.12兆帕(126℃)维持1.5~2.0小时;常压灭菌锅灭菌,上大气后达到100℃时维持6~8小时后冷却备用。

7. 接种

在接种室或接种箱内,按无菌操作接种,每袋从两端接入菌种,仍按原样套颈圈、套盖,放入菇房内培养。

8. 发菌

经接种后的菌袋放在24℃~26℃、相对湿度70%的菇房内避光培养。放置方法:单层菌袋摆放于菌床上,也可以“井”字形架于地面,一般6~8层。室温低于20℃,应在菌袋上加盖薄膜保温,每天打开菇房通风0.5~1小时。5~7天翻动菌袋,检查发菌情况,并剔除污染菌袋。经20天左右,菌丝即可长满菌袋。

9. 出菇管理

长满菌丝的菌袋,去掉两端颈圈、套盖,把袋口向上翻卷,露出菌丝面,除去老菌丝及污物。将菌袋按垒菌墙法摆在菇室地面,菌墙高1.2米左右,并用一干净扫把,轻扫菌墙出菇面,起“搔菌”作用。菌床上的菌袋按照以上方法整理后,单层摆放在菌床上,除了两端袋口出菇,还可以从菌袋向上一面出菇。当菌袋向上一面见子实体原基,菇房温度控制在15℃~18℃,相对湿度90%,保持菇室通风及适量散射光照,一般从见子实体原基,经5~7天,当菌盖直径达1.5~2厘米时,即可达到采收标准。

10.采收后管理

采收一批菇蕾后,要及时清除残留菇根、死菇及碎屑。轻喷小雾水或营养液,并少开门窗,减少刺激,使菌丝生机得到恢复。当菌袋又出现一批子实体原基时,再按上述方法管理出菇。

(九)秸秆栽培法

各种秸秆既是农业生产中的下脚料,又是农田及农业环境的污染源。利用各种秸秆栽培姬菇,可变废为宝,提高经济效益和生态效益。对种植平菇、姬菇最有价值的秸秆为稻草、麦秸、大豆秸、玉米秸等。

1.栽培季节

作物秸秆栽培姬菇以秋季为宜,最好是当年收获的秸秆,要求原料新鲜、无霉变。

2.菌种选择

用棉籽壳栽培料的菌种,应选用与当地出菇季节气温温型一致的菌种。

3.培养料配方及处理

(1)稻草粉50千克,石膏粉500克,面粉1千克,石灰250克,磷酸二氢钾250克,多菌灵100克,尿素100克,水70升。

(2)稻草粉350千克,麦麸25千克,杂木屑100千克,石膏1千克,过磷酸钙1.5千克,石灰1.5千克。

(3)稻草粉78千克,食盐1千克,麦麸18千克,石灰1千克,蔗糖1千克,尿素0.5千克,磷酸二氢钾0.5千克。

(4)稻草100%,水适量(发酵料室内畦床栽培,把切好的稻草用水浸泡24小时后捞出,滤去多余水分再放入池或水缸内,缸口可盖薄膜任其发酵2天,再取出拌和辅料即可播种)。

(5)稻草97%,石膏粉2%,进口复合肥1%,含水量在60%。

(6)稻草(碎稻草)89%,大豆粉6%,麦麸和米糠5%;另加石膏1%,过磷酸钙1%,水适量。

(7)稻草(整稻草)68%,锯木屑20%,大豆粉3%,麦麸或米糠7%,石灰1%,石膏1%,水适量。

(8)麦秸80千克,麦麸或米糠20千克,尿素700克;另加草木灰5千克,过磷酸钙2千克,石膏1千克,含水量在65%。

(9)麦秸100千克,尿素500克,玉米粉20千克,石膏2千克,生石灰3千克,磷肥2千克。

(10)大豆秸50千克,玉米粉5千克,木屑30千克,鸡粪5千克,米糠10千克,蔗糖1千克,石膏1千克,多菌灵0.1千克,石灰1千克,料水比在1∶1.3。

(11)玉米秸粉91.5千克,过磷酸钙3千克,石膏2千克,石灰2.5千克,尿素0.5千克,甲基托布津100克,硫酸镁0.3千克,水160~170升,磷酸二氢钾0.2千克。

(12)豆秸碎屑50千克,木屑30千克,米糠10千克,玉米面5千克,石灰3千克,50%多菌灵200~300克,过磷酸钙1.5千克,含水量在65%。

(13)麦秸90%,米糠10%;另加石灰粉2%,水适量。(生料室内畦床栽培。麦秸剁成6.6~10厘米长的段,在2%石灰水中浸泡24小时捞出,用清水冲洗,加麦麸、米糠拌匀即可播种)

(14)麦秸碎屑80千克,麦麸20千克,尿素300克,生石灰3千克,50%多菌灵200~300克,过磷酸钙1.5千克,含水量在60%~65%。

(15)麦草粉或稻草粉73%,木屑20%,食盐1%,石膏粉3%,尿素1%,磷肥2%;另加多菌灵0.2%,料水比为1∶(1.2~1.3)。(生料床畦栽培时,麦草粉、木屑在使用前充分晒干,抖落灰尘。选用未超过半年、未发酵的麦草粉,当天配料,当天栽培,不宜过夜)

(16)花生壳100千克,麦麸5千克,磷肥2千克,石灰2千克,水160～180升。

(17)花生壳粉65千克,玉米芯35千克,玉米面5千克,尿素500克,石灰3千克,50%多菌灵200～300克,过磷酸钙1.5千克,含水量在65%。

(18)芦苇叶100%;另加2%石灰水,调pH值至7.5～8,含水量在65%。

4.秸秆原料的选择

(1)作物收获时,要将秸秆抓紧晒干。存放时,要防止雨淋。秸秆使用前,要暴晒1～2天,用直径2～3厘米筛孔的饲料粉碎机,粉碎成片段或碎屑状备用。

(2)稻草培养料也可以用整稻草,但要经堆制发酵;将长稻草用3%～5%的石灰水浸泡24小时,使稻草充分吸足水分,并脱去茎秆上的蜡质。捞出沥干水分,与其他辅料,如麦麸、米糠、锯木屑等混合,上堆发酵3～5天。

(3)麦秸秆较硬,吸水性差,一般不宜单独使用,生产上常与稻草、豆秸、锯木屑、麦麸、米糠等混合堆制、发酵后使用。

(4)玉米秸秆使用前要切成3厘米左右的小段,并放入5%的石灰水中浸泡8小时。捞出沥干水分,加拌其他多种原料,随即做堆发酵。

(5)豆秸使用前要晒干,并用1.5厘米筛孔的粉碎机将豆秸粉碎成屑状物,与其他辅料混匀后,浸入生石灰水中,与混合料拌匀后做堆、发酵。料水比为1:(1.25～1.3)。

5.秸秆的发酵

每堆发酵料以250～500千克(干料)为宜。堆高1.2～1.5米,长度不限。稍加拍实,从堆顶或堆斜面向下,或斜向往内,用木棒打多个通气孔。在料堆上覆盖薄膜或加草帘。要经常检查料温上升情况,一般秋、冬季建堆36～48小时后,堆温会迅速升高。当料堆25厘米深处,手摸有高温感即温度在50℃以上时,要去掉覆盖物,把料堆打散,把表层料转向一边,中间料层转向另一边做堆。底层料与表层料掺和后,放在中间料层的上面继续做堆,表层再用原来中间料覆盖,拍实插通气孔,覆盖保温。第一次翻堆后,料堆升温很快达60℃~70℃,维持一天,每1~2天翻堆一次,使上、中、下及里、外层的堆料翻拌均匀,结合喷水,加入石灰、多菌灵等仍做堆拍实,打通气孔,加覆盖物。通常翻堆3~4次,8~12天即可完成制堆发酵过程。

经过建堆发酵,秸秆料呈深褐色,手捏有松软感,散发酒香味,不得有霉味或氨味。发酵料含水量为62%~65%,即可进行栽培。

6.栽培方式及播种

栽培方式有室内菌床栽培、室外阳畦栽培、室内袋栽、室外袋栽法等。

(1)室内菌床栽培法 将栽培室、菇床提前用2~3种消毒剂,交替进行熏蒸、擦洗和喷雾杀菌、灭虫消毒。在菌床上铺垫经太阳晒过的塑料薄膜或新草帘、草垫。把发酵好、散堆降温后的培养料,搬入室内铺在菌床上。平整料层,料层厚度在12~18厘米。采用分层法接种:即一层培养料一层菌种,依次播种3~4层,最上层菌种量要大,盖满,以造成菌种优势,避免杂菌污染。也可以采用混播法接种:先将所有的栽培原料与菌种均匀混合后,再上菌床铺平,稍压平后,覆盖薄膜。这种播种法在国外使用较普遍,接种量为培养料干重的15%~20%。

(2)室外阳畦栽培法 对室外阳畦提前进行消毒。按宽80~100厘米、深10~15厘米、长8~10米做畦。畦中央再纵向挖一条宽6厘米、深10厘米的小沟,以排除畦中积水。在畦面撒一层生石灰或敌敌畏、乐果等杀虫剂。将发酵后的秸秆铺于畦中,料层厚12~15厘米。在料层中上层撒播菌种,并在料层表面撒满菌种及经3%石灰水浸泡过的稻草段,将稻草段及料层按平、贴实,并覆盖保温薄膜。播种后3~5天开始通风管理。

(3)室内袋栽法 室内空间应提前进行消毒。选用22~24厘米宽、40~45厘米长的菌袋装培养料,每袋用菌种180~200

克,分成3份:两端袋口各接一份,袋料中部接1份,各层占1/3菌种量。装袋要注意松紧适中,菌种块为蚕豆大小,料袋中间菌种要紧贴袋壁放置。料袋封口后,可用经消毒的针头在菌袋内菌种处刺扎些微孔,以利透气,加快发菌。

将菌袋排放在消毒后的培养室发菌,秋冬季节每排可堆放6~8层料袋,3~5排为一垛,每垛上用塑料薄膜覆盖保温发菌。

(4)室外袋栽法　对室外发菌环境或袋栽环境进行消毒后备用。以袋宽22~24厘米、长35~40厘米的低压聚乙烯塑料袋做装料容器。同时准备切成长为2~4厘米、粗为1.5~2.0厘米的短玉米芯或用稻草扎成小把,经暴晒1~2天后备用,装袋前用3%石灰水浸泡杀菌后使用。

先用一木夹(晾晒衣物用的)将预先准备好的料袋一端夹住,往料袋装入经发酵过的秸秆培养料,边装边稍压实,到基本装满时(留足扎口部位即可),袋口放一层菌种,以能盖满袋料为限。把袋口收紧,在袋口夹一根短玉米芯或一个小稻草把,成瓶塞状,用线扎紧,也可用自行车废旧内胎,洗净后剪成橡皮圈扎口。将袋调头,将袋口略按实后放一层菌种,以盖满料层为限。在袋口夹一根短玉米芯或小稻草把,用线稍扎紧即可。也可以在袋料每装至1/3处,在袋壁放一次菌种块,在料袋中夹2~3层菌种。如果袋短,可只在袋口一端接种。菌种用量为15%~18%。

装袋接种后,料袋应上堆发菌。气温在20℃以下,一般摆放5~7层,并在料袋外覆盖薄膜保温。室外发菌要避免阳光直射,可在薄膜外用草帘遮阳。整个培养发菌期,要尽可能将料温控制在22℃左右。在22℃~25℃,空气湿度为70%时,料袋在20~25天即可完成发菌。发菌后的菌袋,要进一步让菌袋菌丝成熟,然后进入出菇前的管理。

7.栽培管理

(1)发菌期的管理　室内菌床栽培与室内袋栽,发菌温度能较好控制,但通气性成为发菌管理期的关键。因此,要每天定时打开门窗通风0.5~1小时。随着菌丝发育加快,通气时间要相应延长。同时还应每天抖动覆盖的塑料薄膜,排出料堆上的有害气体。室外阳畦栽培、室外袋栽,前者要以通气为中心,注意遮阳,调节薄膜内温度;后者要加强温度、湿度控制,避免阳光直射发菌料袋,注意5~7天翻一次堆,使之发菌均匀。

发菌期间,如有杂菌发生,若是阳畦菌床或室内床栽,可以用生石灰或草木灰覆盖杂菌部位;如发生在菌袋局部的点片,可用大号注射器点注福尔马林液或浓石灰水,抑制其蔓延。

(2)出菇前后的管理 菌丝长满菌床料面或料袋后,应将一切覆盖物去掉或打开料袋口。室外袋栽要搭建出菇棚,把发好菌的袋子搬入消毒后的出菇棚进行出菇期的管理。出菇管理应突出温度诱导、水分促菇两项措施。

①温度诱导管理:发菌结束后,将温度降至10℃~17℃,最好白天控制在17℃~20℃,夜晚通过打开门窗通风,使温度降至10℃左右。持续维持4~5天,并给予适量光照,出菇室内能看清报纸字迹即可,无需强光刺激。

②水分促菇管理:在维持适当通风的前提下,使环境空气湿度保持在90%左右。主要是通过人工喷水控湿,喷水的要领是勤喷、轻喷、细喷。在形成菇盖之前,只需向空中喷水,向地面洒水,一天2~3次。见菇盖后,可适当向菇体喷雾水。采收前喷一次重水。

8.采收及采后管理

每采收一批菇,应停止喷水5~7天,待菌丝恢复生长后,再喷水保湿,促使下一批菇蕾长出。

9.注意事项

秸秆培养基栽培姬菇,应注意以下问题。

(1)秸秆要经粉碎后才能有良好的物理性状,但又不能加工太细,否则会造成培养料的通透性降低,不利于菌丝生长。

(2)秸秆类大多为高纤维素物料,不溶于水,必须经生物转化后,才能被姬菇菌丝所吸收利用。为了满足姬菇菌丝前期对营养的需要,需在培养料中加入麦麸、米糠、糖、尿素、玉米粉等高营养物质。但这类物质要加得适量,如加得太多,杂菌污染率会直线上升。

(3)秸秆料培养基很容易吸水,会使后期发菌速度明显降低。应通过增加培养室内的通风透气,以及给菌袋适时正确地打微孔来解决。

(4)上述栽培方式,生物学转化率仅为50%~70%。如能在现有栽培管理下出菇一两批后,采用覆土或垒菌墙法出菇,补水、喷施营养液,其生物学转化率可达到150%~300%。

(十)糟渣栽培法

糟渣培养料包括白酒糟、啤酒糟、糠醛渣、甜菜渣、木糖渣、刺梨渣等农产品加工废料和工业加工废料。鲜酒糟含水量为68%~70%,酸度0.6~1.0,干物质重量30%,含粗蛋白质27.4%、粗脂肪2.3%、粗纤维9.2%、粗灰分4.4%,碳氮比27.3:1,可溶性糖类40%,很适合姬菇生长。其栽培技术如下。

1. 栽培季节

姬菇栽培适宜于全年各个季节,但要根据栽培地的小气候,配以不同温型的菌种或菌株,如低温型002、中温型1012、广温型001等,分别适宜不同地区或同一地区不同季节栽培。就同一地区而言,春栽应选中高温型菌株;8—9月栽培应选高温型菌株;10月份以后栽培,应选低温型菌株。

2. 菌种制作

用棉籽壳做培养基,按常规制作菌种。

3. 栽培料配方及处理

(1)酒糟50千克,玉米芯16千克,棉籽壳30千克,石灰粉3千克,蔗糖0.3千克,尿素0.2千克,磷酸二氢钾0.5千克,料水比为1:(1.2~1.4)。

(2)酒糟50千克,棉籽壳15千克,石灰粉3千克,玉米芯16千克,尿素0.2千克,杂木屑15千克,磷酸二氢钾0.5千克,玉米芯16千克,蔗糖0.3千克,含水量148%。

(3)酒糟40千克,尿素0.2千克,杂木屑40千克,磷酸二氢钾0.5千克,玉米芯16千克,蔗糖0.3千克,石灰3千克,含水量148%。

(4)酒糟90千克,过磷酸钙1千克,麦麸10千克,含水量148%。

(5)鲜酒糟97千克,石膏1千克,石灰2千克。

(6)鲜酒糟99%,石灰粉1%,水适量,pH值7.5左右。将鲜酒糟放在竹席上晾晒1天,蒸发一部分水分后加1%石灰,调pH值至7.5左右,即可播种。

(7)酒糟97%,石灰3%左右,pH值7~7.5。将酒糟暴晒之后加3%左右石灰,调pH值达7~7.5,即可用于栽培。

(8)酒糟100千克,石膏或石灰0.5~1千克,麦草粉15~20千克,麦麸3~5千克,多菌灵或托布津250克,水适量。

(9)糠醛渣76千克,过磷酸钙1千克,麦麸8千克,石膏1千克,石灰5千克,含水量148%。

(10)啤酒糟(干)65千克,石膏1千克,棉籽壳25千克,过磷酸钙1千克,麦麸5千克,多菌灵0.1千克,石灰3千克,含水量148%。

(11)甜菜渣78千克,石膏1千克,麦麸20千克,蔗糖1千克,含水量148%。

(12)醋糟50千克,石膏1千克,棉籽壳50千克,磷酸二氢钾1.5千克,麦麸10千克,石灰1千克,水分适量。

(13)刺梨渣78千克,稻草粉20千克,过磷酸钙1千克,石膏1千克,料水比1∶(1.2~1.3)。

4. 原料处理

(1)酒糟摊晒,除去大量水分,使乙醇等有害物大量挥发掉。

(2)用2%~3%生石灰拌料,调节pH值至7.5~8.0,以中和其强酸性。

(3)在料中加拌0.5%多菌灵,杀死料中的酵母菌及抑制其他杂菌生长。

(4)经过以上处理的原料,再加入10%麦麸、1%过磷酸钙,加清水拌料调至含水量为60%。

对以上培养料进行生料直接栽培、堆制发酵后栽培，或装袋后经灭菌熟料栽培。一般以发酵料或熟料栽培效果更好。对于其他糟渣也要采取类似的处理。

5. 制袋与播种

将拌好的培养料，选用(18～20)厘米×(40～45)厘米的塑料袋装料。装袋时稍用力把培养料压实，扎好两端袋口，然后用直径1～2厘米的木棒在料袋上横扎5个洞，将菌种播入洞内。洞口用少量无菌胶水(普通胶水半瓶，加入5～8毫升福尔马林混匀)涂抹后贴一块经太阳暴晒的4厘米×4厘米方块普通干净纸封口。此法具有播种速度快、节省菌种用量和发菌快等优点。

6. 发菌管理

把接种袋以“井”字形堆码在消毒过的培养室内，堆高5～7层。整个发菌期控制室温在22℃～25℃，堆温22℃左右，空气相对湿度保持在70%左右。每5～7天翻一次袋，检查料袋生长状况及污染情况，并对症处理。经25天左右，菌丝即可长满菌袋。

7. 出菇管理

出菇场地可选择室内、室外阳畦、阴棚或塑料棚中，提前用多种消毒剂交替对出菇场地杀虫消毒，并打开门窗散气、排毒。把菌袋搬入出菇场地，按地面出菇码堆或床架出菇上架。除去菌袋两端扎口，给予变温刺激，提高室内空气相对湿度达90%～95%，此时菌袋两端会诱发出子实体原基。

8. 采收

经7～10天培养，可采收第一批鲜菇。当采收一两批鲜菇后，可在室内外菇房对菌袋进行覆土栽培。菌丝生长健旺，菇体肥厚，生物转化率可稳定在200%以上。

(十一)甘蔗渣栽培法

甘蔗渣是我国广西、广东等南方甘蔗产区甘蔗榨糖后的副产品，资源十分丰富。甘蔗渣含纤维素46%、半纤维素25%、木质素20%、氮0.43%，碳氮比120:1。基本上能满足大多数食用菌生长的营养需要，只要添加适量麦麸、米糠等辅料，可以栽培猴头菇、黑木耳、平菇、姬菇及金针菇等。随着姬菇产区的向南扩大，甘蔗渣栽培姬菇终将会得到普及。

用甘蔗渣做原料，必须选用刚出厂的色白、无发酵酸味、无霉变的新鲜甘蔗渣。如暂时不用，应及时晒干备用。使用前，对带有蔗皮的粗渣，要粉碎过筛后配料，以防刺破菌袋。具体栽培要求如下。

1. 栽培季节

春季2—4月，秋季8—11月；8—9月熟料栽培，10—11月生料、发酵料栽培。

2. 菌种选择

春季栽培宜选中高温型菌株，秋、冬季栽培宜选中、低温型菌株。

3. 栽培料配方及处理

(1)甘蔗渣100千克，磷酸二氢钾500克，麦麸10千克，石灰1千克，尿素400克，多菌灵200克，石膏粉2千克，水130升。

(2)甘蔗渣78千克，过磷酸钙1千克，石膏1千克，麦麸20千克，含水量140%。

(3)甘蔗渣50千克，过磷酸钙0.5千克，米糠50千克，石膏0.5千克，多菌灵50克，料水比1:(1.2~1.4)。

(4)甘蔗渣50千克，甘蔗渣滤液15升，石灰500克，多菌灵100克，锯木屑2.5千克，水32.5升。

(5)甘蔗渣50千克，米糠或麦麸5千克，石膏粉0.5千克，过磷酸钙0.5千克，多菌灵50克，敌敌畏50毫升，水适量。

(6)甘蔗渣80千克，木屑20千克，石膏粉3千克，尿素0.2~0.4千克，磷肥2千克，多菌灵0.2%，料水比1:(1.2~1.3)。

将甘蔗渣、麦麸、米糠、锯木屑等混合均匀，尿素、石膏、过磷酸钙等溶于水中，与料拌和。石灰粉撒在料中拌匀，以调节pH值。以上原料拌入敌敌畏、多菌灵后，直接堆制发酵3天，用来苏水喷洒室内地面及墙面，用苯酚进行空间消毒，最后装袋。

4. 制袋播种

用熟料栽培,可不加多菌灵、敌敌畏,直接装袋、灭菌,冷却后接种、发菌、出菇。用22厘米×40厘米×0.04厘米聚丙烯袋,采用4层菌种、3层培养料装袋。装袋时要把袋四周压紧,两头稍压紧,造成中松、边紧、两头重的培养袋。接种量15%,中间少,两头重,并用消毒过的小木棒在两头料中央打孔。料袋用绳子扎口扎活结,以利透气。

5. 培养管理

将接过种的料袋搬入预先消过毒、通风性好的培养室,成"井"字形上堆,避光培养发菌。在24℃~26℃,相对空气湿度70%条件下,经20~25天菌丝即可长满料袋。按菌墙式堆袋,6~8层堆码,去掉两端封口,拉直两端袋口薄膜。然后诱导子实体生长,开始时白天室内保温增温,晚上降低室温;增加散射光照,以促进菇蕾形成,菇柄伸长。继续给予保湿、通风,每天向菇体喷洒0.1%的磷酸二氢钾营养液水雾。

6. 采收与采后管理

当菇盖直径达1.5~2.0厘米时,即可采收。清理料面,停水4~5天,再增湿、降温制造温差,结合通风,催第2批菇蕾,12~15天,即可采收第二批鲜菇。按此操作管理,能采收4~6批菇,生物学转化率可达120%。

(十二)麦田套种法

小麦、棉花连作在我国长江流域、黄淮平原等地是常见的种植方式。该种植方式从每年10月小麦播种,到翌年4月初棉花播种,有近一半面积的土地做预留棉行而闲置。为了提高土地利用率和气候生产力,湖北省涝渍地开发中心在江汉平原集中棉田推广"麦、菇棉"种植模式,收到良好效益。现将有关技术介绍如下。

1. 田间设计

按麦、棉套作的沟厢设计,每厢沟到沟的距离为2米,厢面净宽1.6米,等分成3条,每条0.53米,中间播种小麦,两边做预留棉行种平菇或姬菇,菌床挖浅沟,沟宽33厘米、沟深8~10厘米。

麦田套种平菇、姬菇,可以分期投料接种。第一批种植可安排在10月中旬至11月中旬,小麦播种后随即在预留行中栽培平菇、姬菇;最晚一批应在1月下旬至2月上旬栽培。具体栽培时间,与所选不同温型菌种有关。年前播种,前期应选中高温型菌株,11月以后播种,以中低温型菌株或低温型菌株为主。年后播种,应以中温型菌株或广温型菌株作为主栽品种。

2. 培养料的配制

培养料为棉籽壳50千克、水75升、生石灰1%、过磷酸钙3%、多菌灵0.1%,充分拌湿后做堆,放置2小时后使余水渗出。培养料含水量以攥在手里不见水,合拢可以从指缝中滴出水来为宜。

3. 铺料接种

在小麦预留行内挖浅沟,在沟内平铺一层培养料,撒播一层菌种,再铺一层料,点播或撒一层菌种。这样一层料,接入一层菌种,最上面满撒一层菌种封住培养料,并适当将料压紧,使之与厢面相平,以免料层积水。菌种量为培养料干重的12%~15%。菌种要求活力强,菌龄40天以内,接种时菌种不得太碎,要求为1.5厘米×1厘米大的块为宜,点播的菌种以梅花形排列。

4. 覆膜、遮阳

铺料接种后立即用薄膜覆盖,以利保温、保湿。为了避光,应在薄膜上加盖一层松软的稻草,草料厚度为5~8厘米,以不透光为宜。

5. 发菌管理

从铺料接种到子实体长出,约需要2个月。这期间的管理要求如下。

(1)保温发菌　测试田间料温以10℃~15℃为宜,料温低于5℃,菌丝不能正常生长。晴天揭去稻草增温,傍晚再覆盖。

(2)保湿促菌　当秋冬干旱,超过半月不下雨,应向料面及周围土层喷水,维持土壤湿度在60%以上,促进菌丝快速生长。

(3)避光养菌　菌丝生长期间,要求基本处于黑暗条件下养菌。光照过强,能刺激菌丝边生长、边分化,降低生长量,影响产量。用稻草覆盖能满足菌丝避光要求。

6. 出菇管理

菌丝长满后即进入诱导出菇阶段,这期间管理要求如下。

(1)透气　早晚应经常掀动薄膜,交换膜内外空气。

(2)保湿　提高膜内空气湿度在90%以上。向稻草上喷水,能减少膜内及周围土层水分蒸发,起到间接保湿作用。但应减少稻草覆盖的厚度,使一部分光能进入膜内。光线是诱导平菇、姬菇子实体发生的必需条件之一。

(3)保温　料层温度过低及至结冰,子实体难以正常发育。晴天可揭去草帘,利用光照增温,并将稻草晒干,使其吸热后,在傍晚再盖在薄膜上增温。冷空气影响时,可在覆盖薄膜外,加设一层拱形物,在拱形物上覆膜,以双层薄膜增温。当子实体分化,逐步增长时,应除去第一层覆盖膜,改为拱形薄膜覆盖,以增大出菇空间和便于水分管理。

7. 采收及采后管理

从子实体分化到成菇采收,5～7天;元月至2月,一般10天左右;3月以后为6～7天。收获时先用刀平割,再剜去残留在菌床上的菌兜,尽量不用手拔,以免损坏床面菌丝和幼菇。用扫把清扫床面,喷洒营养液,覆盖好薄膜、稻草帘。经过15～20天菌丝恢复阶段,进入第二潮菇蕾分化。一般可收获3～4潮鲜菇,4月底全部收完。收菇结束后把培养料打散后,与土层充分拌匀,整平后为棉花播种做准备。

8. 效益分析

据浙江、山东、湖北等试验表明,每667平方米,有一半面积可套种平菇、姬菇,可采收鲜菇2500～3000千克,其经济价值为单种小麦的4～5倍以上。

(十三)蔗田套栽法

1. 蔗田畦栽法

(1)选田做畦 选择地势较高、排灌便利、遮阳条件较好的甘蔗田做套作的菇场。先清理蔗株下部枯老叶,并取蔗畦两边的泥土,挖取部分填平沟底做栽培姬菇的菇床。每两畦菇床之间,留出人行道供田间管理用。

(2)拌料播种 在9月中旬至10月上旬进行,培养料以稻草为主料,添加20%~30%玉米芯。稻草先铡成7~10厘米长的小段,玉米芯要暴晒2天并粉碎成蚕豆大小颗粒状。将稻草、玉米芯混合后,放在3%石灰水浸泡24~36小时,捞出后用清水冲至pH值为7.5~8.5,沥至不滴水,摊晾后即可铺入菌床。铺料前在培养料上喷洒1%尿素溶液,拌匀后备用。先在菌床上撒一层石灰粉并铺一层地膜,再在地膜上铺设栽培料,用层播法接种菌种。每平方米菌床铺料15千克左右,菌床厚度为12~15厘米,接入菌种量为1500~1800克,接种后料面加盖报纸,再覆盖地膜。

(3)发菌管理 接种一周后,检查发菌和污染情况,出现杂菌要及时挖除,用石灰粉或草木灰填塞消毒。经25~30天发菌培养,料面会被菌丝所充满,出现黄色分泌物时,应揭去报纸。在培养料上搭建小拱棚,把原来覆盖的地膜提起,覆盖在小拱棚上,边缘用泥土封严。每天揭开薄膜通风1~2次,每次30分钟,通风透光。

(4)出菇管理 发菌完成后7~10天,料面很快就有小菇蕾发生。这时管理要求如下。

①揭膜、盖膜相结合。每天揭膜通气1~2小时,调节膜内温差。遇有大风天气,要及时盖膜,保护菇蕾。

②加大膜内空气湿度。每天以轻喷、勤喷方式给料床喷雾水。

③畦床如过湿,应增加通风次数,或在畦床上打孔排湿。

④采收一批鲜菇后,要清理料面死菇、菇根,并停水4~5天,覆膜养菌催蕾。

⑤幼菇发生软腐病,应喷洒1%石灰水进行保护。蔗田易发生烟煤虫,可喷洒B-T菌液进行防治。

（5）采收　从原基分化到子实体成熟在8～10天，应及时采收。

蔗田畦栽姬菇，每667平方米可产鲜菇900～1500千克，且照样能收获甘蔗，可增加纯收入。

2. 蔗田袋栽法

（1）田间设计　选通风向阳、排灌两便的甘蔗田。蔗畦南北向，甘蔗株行距分宽窄行移栽。以4畦为一种植单元：包括2窄行和1宽行。窄行株行距为50厘米×70厘米，宽行株行距为50厘米×120厘米。在120厘米的宽行内摆放姬菇菌袋，利用蔗田行间通风、遮阳条件出菇。

（2）栽培时间　蔗田套袋栽培姬菇以8—9月制作菌袋，9—10月排袋出菇为宜。甘蔗植株高大，叶多茂密，遮阳条件好，套种时脱去蔗株中下部老叶片，有充足散射光，通风透气，容易保湿，正适合姬菇的生长。

（3）配料制袋

①培养料配方可选以下几种：

A. 甘蔗渣57千克，棉籽壳30千克，麦麸10千克，石膏1.2千克，蔗糖1千克，过磷酸钙0.5千克，尿素0.3千克。

B. 甘蔗渣65千克，稻草粉26千克，麦麸6千克，石膏1.2千克，蔗糖1千克，过磷酸钙0.5千克，尿素0.3千克。

C. 甘蔗渣70千克，木屑20千克，麦麸7千克，石膏1.2千克，蔗糖1千克，过磷酸钙0.5千克，尿素0.3千克。

②配制方法：甘蔗渣要新鲜。配制前，甘蔗渣、棉籽壳、木屑均需晒干与麦麸混合均匀，石膏、蔗糖、磷肥、尿素等加水混匀后，与主料拌和均匀，控制含水量为65%。

③装袋接种：选用17厘米×24厘米×0.05厘米的低压聚乙烯筒料制袋。按常规方法装袋、常压灭菌。待上蒸汽后，保温10小时，冷却后按无菌要求接入姬菇菌种，放在室内22℃～24℃下避光处培养发菌。经25～30天，菌丝即可长满菌袋，给予温差刺激、散射光诱导，原基即可分化。

(4)田间排袋　蔗田行间要打扫干净,重浇一遍清水或漫灌一次蔗田,提高田间湿度,并向蔗田畦面撒施一薄层石灰粉。摘除甘蔗老叶、枯叶。对菌袋用1%石灰水浸泡3秒钟,进行表面消毒。用刀片在菌袋上均匀地划割4~6个"V"字形或"十"字形切口,便于从切口处出菇。将菌袋单层排放在蔗田畦面,根据行间宽度排放2~3行。菌袋横列行间,一边头对头排列2行,另一边横列成单行,中间留30厘米过道。每天向行间或地面喷水2~3次,使出菇行间空气湿度保持在90%以上。

(5)采收　7~10天后,可采收第一潮菇。采菇后清除菇根、死菇,停水4~5天,再喷水催菇。一般可以采收4~5潮菇,在甘蔗收获前后采收完毕。

(6)效益分析　蔗田套放菌袋,每667平方米蔗田,有效利用面积为200平方米,可投栽培料2000千克,收鲜菇2700千克;每667平方米产甘蔗6400千克,总产值是单作甘蔗的3倍。

九、姬菇发生畸形原因及预防

冬季低温会使生长中的姬菇发生瘤盖、粗柄、变蓝色等致畸形现象,严重影响商品的外观和经济效益。现将有关症状及防治方法介绍如下。

1. 瘤盖菇

(1)症状　菌盖表面出现瘤状或颗粒状的突起物,似"脓疱",严重时菌盖僵缩,菇质硬化,发育极慢或停止生长。

(2)发生原因　菇体生长发育期温度过低,低温持续时间过长,造成菌盖内外层细胞伸长失调而变形。

(3)防治方法　栽培时要了解所用菌种的温型,明确所用品种的最适温度范围。气温下降时,要采取相应的控温措施。中温型品系菌种菇房室温应控制在12℃以上,低温型品系种菇房室温应保持在5℃~8℃。变温刺激时,温度变动幅度也应控制在菇体发育适温范围。

2. 粗柄菇

(1)症状　菌盖小而菌柄长、柄粗,质地硬,商品性低。

(2)发生原因　主要是防寒保温措施不当,如门窗关闭过紧,覆盖薄膜过严,使菇房严重缺氧,菇体内营养运输失调,特别是在阳畦菇床,极易发生粗柄菇。

(3)防治方法　出菇期间,如连续低温,在做好防寒保温时,每天上、下午各打开门窗一次通风换气,每次15~20分钟。露地阳畦菇床,应利用覆盖薄膜给菇室增温,每天在中午前后,揭开薄膜通风20~30分钟。

3. 蓝色菇

(1)症状　菌盖边缘出现蓝色晕圈,严重时整个菇体如染上了蓝墨水,不易褪色,严重影响商品价值。

(2)发生原因　姬菇很易产生蓝色反应,大多因采取了不恰当的室内增温方法,如直接在室内烧柴、燃煤炉而造成室内二氧化碳、一氧化碳等有毒气体浓度过高,菇体吸收后呈现蓝色反应。

(3)防治方法　尽量采用太阳能、暖气或电热管道供热增温。在农村可采用室内专用取暖炉,并安装排烟管道,向室外排放燃烧产生的有害气体,使菇体免受毒害变色。

4. 花球菇

(1)症状　菌柄丛生、分叉,不形成菌盖,在柄端膨大处,形成丛生小菇蕾,结构紧密,类似花椰菜球状,直径10~25厘米,重量达2.75千克,属严重型畸形菇。

(2)发生原因　主导因素是一氧化碳浓度极大地超过了子实体形成所能耐受的程度,使原基不断生长却不分化而形成。

(3)防治方法　及时清除畸形菇,改变菇房通风和光照条件,定时通风,降低二氧化碳浓度,使空气清新,以无闷感为宜。或将菇床转移到通风及光照条件良好场地出菇。

5. 珊瑚菇

(1)症状　菌柄长,分叉,结构较松散,部分柄端膨大处丛生小菇蕾,部分柄端分化成小菌盖,但不形成正常菌盖,子实体呈珊瑚状。

(2)发生原因 光照度偏弱和二氧化碳浓度偏高双重因素引起。

(3)防治方法 加强通风,降低二氧化碳浓度,将菇床面光照度提高到80~100勒克斯。

6. 子实体水肿

(1)症状 菇体呈黄色而发亮,菇盖小、多发软。有时水肿状的子实体菌盖长有菌丝,菌盖上再长小菌蕾。

(2)发生原因 空气湿度过大或培养料水分过多所致。

(3)防治方法 控制水量,增强通风,降低空气和菇床湿度。

7. 菇蕾干枯

(1)症状 出菇期子实体长到一定大小后停止生长,并逐渐干枯死亡。

(2)发生原因 菇房空气干燥,子实体水分蒸发量太大或培养料水分太少,使菇蕾不能从培养料中吸收水分和养料;或者因为栽培季节不对,温度过高不适宜子实体生长。

(3)防治方法 根据发生的原因,采取加强保湿和喷水降温,或错开栽培季节等措施。

8. 菌盖不开伞或菌褶缺损

(1)症状 姬菇等菇类子实体对敌敌畏等农药很敏感,易发生中毒现象。中毒后的子实体不开伞,或晚开伞;已经开伞的中毒后边缘萎缩,菇盖边缘向上翻卷,菌褶残缺不全。

(2)发生原因 菌盖不开伞由喷洒农药所致,菌褶残缺大多因菇蝇危害形成。菇蝇的幼虫很小,肉眼不易发现,要用放大镜或显微镜观察才能见到。

(3)防治方法 子实体生长期间,禁止喷洒有机农药,特别是敌敌畏等敏感药剂。防治菇蝇可用诱集杀灭,或用除虫菊酯、B-T生物农药或苦楝素等植物性农药灭杀。

十、姬菇病虫害防治

1. 杂菌及其防治

姬菇在制种和栽培中常出现病虫危害,影响生产甚至导致栽培失败。必须及时采取相应措施进行防治,提高经济效益。

(1)细菌　常发生在母种培养基、麦粒、玉米粒、棉籽壳等原种培养基上。在母种培养基上形成表面光滑、直径大小不等的圆形菌落。数量少,大多被姬菇菌丝所覆盖,待菌种转接时,危害扩大。

母种培养基在使用前,应对光认真检查斜面培养基表面,是否光滑洁净,如发现有小粒状生长物,或者表面粗糙,均表明培养基灭菌不彻底,不能用来转接菌种,要重新灭菌后使用。

细菌在麦粒培养基、棉籽壳原种培养基内,大多在局部出现"湿斑",使瓶壁、菌种袋侧面培养料变软,或使培养料呈黏液状,并散发一股难闻的腥臭味。

产生细菌污染的原因:是培养基灭菌不彻底,菌种有污染,操作不严密或菌种瓶、袋有裂纹、孔洞等所造成。

防治方法:加强培养基灭菌管理和消毒工作,严格操作规程,杜绝带菌操作。

(2)霉菌　空气中霉菌孢子密度较大,常引起各种污染现象,其中主要的霉菌有木霉、青霉、曲霉、链霉等。

①木霉:是菌类生产中常见的杂菌,分为绿色木霉、康氏木霉两种。其中绿色木霉是在姬菇制种、栽培中危害最普遍、最严重的杂菌,一旦发生于菌种或栽培料中,均无法再利用。绿色木霉主要污染培养料,也可在姬菇菌丝、子实体上寄生。木霉发生初期,长出灰白色纤维菌丝,较浓密,几天后便出现浓绿色粉状菌落。

②青霉:污染姬菇培养料后,会产生灰绿色,密毡状、絮状菌索。菇房中常见的是黄青霉,易被误认为是绿色木霉。青霉在培养料中扩展较慢,它与姬菇菌丝争夺营养,并会分泌毒素,抑制其生长、发育。

③链孢霉:一般会污染姬菇原种和栽培袋,初期产生白色粉质状菌落,很快变为淡黄色、成团的橙红色菌落,散发大量分生孢

子,扩展污染菌种或栽培场所。

此外,还有毛霉、根霉等杂菌,不同程度地污染姬菇菌种、栽培料。以上所有杂菌中,以绿色木霉和链孢霉菌的生长最快,危害最大。

(3)鬼伞 主要发生在培养料堆制过程中及畦栽床上,大多是培养料过湿的指示真菌,料过湿,通气性差,堆温升不起来,易发生鬼伞。常见种类有长根鬼伞、墨汁鬼伞、晶粒鬼伞、毛头鬼伞等。它们与姬菇菌丝争夺营养,影响其菌丝的正常生长,造成减产。

(4)胡桃肉状菌 大多发生在床栽或阳畦培养料上,料面上发生棉絮状奶油色的浓密菌丝,培养料呈暗褐色湿腐状,并散发出特有的漂白粉气味。子实体散生,初形成时奶油色,后变成红褐色、暗褐色,表面有皱褶,像核桃肉的形状。

①产生的原因:

A. 培养料及菌种灭菌不彻底。

B. 菌种被污染。

C. 操作环境,如接种室、接种箱或培养室等消毒不严格。

D. 栽培容器如玻璃瓶、塑料袋出现裂缝、破口、封口棉塞松动等均会遭致污染。

E. 空气传播引发阳畦、床栽培养料中发生鬼伞菌、胡桃肉状菌等。

F. 培养室通风不良、培养料中添加氮源过多而引发。

②防治方法:

A. 选用新鲜、无结块、无霉变的原料做培养料,使用前必须暴晒2~3天,加拌2%~3%新鲜石灰。

B. 科学地堆制发酵,熟料栽培要灭菌彻底。

C. 选用优良菌种。

D. 对接种场地、发菌场地及出菇场地要彻底消毒。

E. 菌种室及栽培场地要做好通风透气,正确控制培养料含水量,把保湿与通风正确结合起来。

F. 覆土材料要先暴晒、后喷药剂,覆膜熏蒸,堆积消毒,避免杂菌混入。

G. 控制菇房温度在18℃以内,抑制病原菌孢子萌发。

2. 虫害及其防治

(1)常见害虫及其防治

①大菌蚊,又名中华新蕈蚊。成虫黄褐色,体长5～6毫米,头部淡黄色或黄色,胸部发达,有毛,背板有4条深褐色纵带,中间两条长,呈“V”字形。前翅发达,后翅退化为平衡棒,中细长,成虫喜静,有趋光性。幼虫群居,一般聚居在料面,取食菌丝。

②菇蚊,又名眼菇蚊。主要危害姬菇、蘑菇、平菇、草菇等,成虫黑褐色,体长1.8～3.2毫米,触角细长,背板、腹板色较深,有趋光性。常聚集在不洁之处,在菇床表面快速爬行。幼虫白色,头部黑色,全身透明。喜潮湿,取食菌丝、原基和菇蕾。发生严重时,可将菇房菌床上的菌丝全部食光,或将子实体蛀成海绵状。

③瘿蚊,又名菇蛆。是一种很小的昆虫,外形像蚊,身体纤细,长足。幼虫呈纺锤形或后端较钝,为无足的蛆,白色或橙色。繁殖快,每平方米菇床可长450万条幼虫。主要危害蘑菇、平菇、姬菇等。

④线虫,属线形动物门、线虫纲昆虫。种类多,分布广,大多危害姬菇、蘑菇、香菇等。培养料堆温不高,料湿,不通风处大量发生线虫。线虫活动旺盛的床面,料面变湿、发黑、变黏,有刺激性臭味。生长旺盛的菌丝,渐呈萎蔫状,贴于料面,菌丝会越来越少,造成菌丝消退。线虫还会集中在潮湿菌盖表面、菌柄及菌褶上,影响产品质量。

(2)螨类及防治　螨类,又叫菌螨或菌虱。大多危害蘑菇、草菇、姬菇等。常见种类有粉螨、长足螨、蒲螨、食酪螨、跗线螨等。螨类咬食菌丝,严重时能将菌丝吃光、咬断,不见菌丝萌发。螨类主要来源于仓库、饲料间、鸡棚及各种饼肥等。通过培养料、菌种和蝇类带入菇房。

防治方法:

①搞好生产环境卫生。

②灯光诱杀。

③在菇房门窗、通风口均安装纱窗、纱门防虫。

④培养料充分发酵腐熟、杀菌、杀虫卵。

⑤更换老菇房,并对床架、地面、四壁进行药剂处理;或采用以下方法进行化学诱杀。

第一,菜籽饼粉诱杀法:在螨类发生危害的菌床上铺若干块湿布,把在铁锅内刚炒热、炒香的菜籽撒在湿纱布上,菌床上的螨虫会大量聚集在纱布下,将纱布取出用开水烫煮,连续诱杀几次,可杀灭大量螨虫。

第二,糖醋诱杀法:用醋酸 500 克,对水 500 毫升,加蔗糖 50 克,滴入 1 ~2 滴敌敌畏拌匀。用纱布浸糖醋溶液,把纱布铺在菇床面上,诱螨虫到纱布上,取下烫死。

第三,鲜猪骨诱杀法:用鲜猪骨相隔一定距离排放在发生菇螨的床面上,待菇螨聚集到猪骨上后,用水烫死。

第四,烟叶诱杀法:把鲜烟叶相隔一定距离铺在螨虫发生危害的菌床上,螨虫即被诱引至烟叶上,待烟叶上聚集螨虫后,轻取下用火烧掉。再铺换新的烟叶,可杀灭绝大部分螨虫。

第五,菌种培养室、菇房应远离仓库、饲料间、鸡舍,并定期用药物熏蒸。选用无病虫、螨类、线虫感染的菌种。菇房或菌床上发现以上害虫、螨类,应用药剂喷杀,将菇房密闭,每立方米用 10 克磷化铝进行熏蒸,48 小时后通风;用棉球蘸上 40% ~50% 的敌敌畏液,散插在菇床上,并用白色塑料薄膜覆盖,螨类会爬满薄膜上,在太阳下暴晒或开水烫死。

3. 有害动物及其防治

(1)有害动物种类

①蛞蝓,又名鼻涕虫、水蜒蚰。主要危害香菇、姬菇、木耳等。大多生活在阴暗潮湿的石块、砖块、草丛或枯枝落叶处,夜出行,多于 20:00—24:00 爬出来,咬食平菇、姬菇子实体,使菌盖、菌柄留下缺口或凹形孔。在其爬过的地方,都会留下一条银白色的黏液线。

②白蚁。主要危害香菇、平菇、木耳、姬菇等菇木。

③马陆,又名北京山蛩虫,属多足纲动物。大多栖息于潮湿处、石堆下,常成群游动。食腐殖质、菌床菌丝,爬行于子实体处,散发难闻臭气,影响产品质量。

(2)防治办法

①清除栽培场地砖块、石子、枯枝落叶等,保持环境清洁、干净。

②人工捕捉,每晚用火钳夹取蛞蝓、马陆等投入石灰水中杀死。

③用砒酸钙120克、麦麸450克、多聚乙醛液10毫升,加水46毫升,配制成毒饵,撒于菇场周围诱杀。

④用50%的升汞、35%的亚砒酸,加10%水杨酸、5%氯化铁配制成白蚁粉,喷施蚁巢,杀灭白蚁。

⑤在菇场或菇床下撒生石灰,可防止有害动物进入。

4.杂菌、病虫、螨害综合防治对策

(1)选用优良菌种　尽量从正规生产厂家、科研院所引种。这些单位一般技术力量较强,设备较齐全,生产菌种有一整套科学程序,菌种质量相对来说有保障。优良菌种一般是:菌丝活力强,颜色纯白、粗壮,爬壁力强,菌龄适宜、吃料快。

(2)堆制质量好的培养料　一切供栽培的培养料要新鲜、干燥及无霉变。培养料中的碳氮比例要适宜,添加麦麸、米糠要适量,加的过多,不但增加了成本,还会增加污染的可能性。培养料含水量应掌握在料水比为1:(1.2~1.5)。供栽培用的培养料最好经堆制发酵,一般堆制4~5天后翻堆一次,再堆2~3天,使料温升至70℃以上,保持24小时后再进行翻堆,整个堆制期间要翻堆2~3次。培养料堆好后再加入占干料总量1.5%的石灰、1%石膏粉,拌匀使其pH值为弱碱性,有利防治病虫害。

(3)做好“老菇房”或“老菇床”的处理　一般连续栽培3年或3年以上的菇房或菇床,称为老菇房或老菇床。老菇房或菇床病虫害基数较大,要更新菇房或新菇床。无法更换时,可在使用老菇房或老菇床前半个月进行严格的消毒处理,以杀灭潜藏在床架、地面、土层、墙壁缝隙等处的病菌、害虫和有害动物。具体做法是:清除菇房内一切杂物、废料,把床架拆下,连同用具一起放入河沟、池塘水中浸泡10天左右，捞出后放在烈日下暴晒3天以上，再用5%的石灰水或2%的硫酸铜液洗刷一次；用浓石灰水涂刷菇房四壁，洗刷室内地面或铲去室内表土，回填室内干净新土。如果室内顶棚较高，应用塑料薄膜或彩条布重新搭置顶棚。进料前一星期，对室内床架等进行药剂熏蒸，每立方米体积空间取福尔马林10毫升、敌敌畏5毫升混合后，放入瓦盆内加热成蒸气，熏蒸室内空间及床架等。为保证熏蒸效果，菇房门窗应关闭严实，一切裂缝应用报纸条糊实，一般熏蒸48小时以上，再打开门窗通风排出毒气后使用。

(4)及时清除一切杂菌、害虫

①只要使用优良菌种，杂菌、害虫一般很少发生，或仅在点片处发生，发生后及时铲除染杂部分培养料，带出室外即可。

②如果杂菌发生在菌床上，应及时用0.5厘米厚的草木灰或石灰、河沙等覆盖或用水溶液涂洗。菌袋内的杂菌，可向瓶袋内注射福尔马林、浓石灰水等，也可以用0.4%的漂白粉注射污染处防治。

③菇床发生菇蝇，可用灯光诱杀或喷洒1000倍液鱼藤精，或200~300倍液除虫菊杀灭。

④对被清理出的杂菌污染物、菌种瓶、菌袋要及时慎重处理，远离生产现场，集中焚烧或深埋，以免杂菌、病虫等有害物飞扬、扩散，污染环境。

附：姬菇罐头的加工

近年来日本等国纷纷从中国进口清水姬菇罐头，现将其制罐工艺介绍如下。

1. 原料的准备

加工清水姬菇罐头以选用菇农当天采收，在家已预煮过的鲜菇最好，这样可有效保持其特有风味。如果在出菇期以外的季节加工，也可选用盐渍姬菇为原料，但需经过脱盐及漂白。要根据盐渍姬菇的变色程度来决定是否使用漂白剂(亚硫酸钠)。根据日本卫生法添加剂使用标准，每1千克姬菇二氧化硫残留量不得超过0.03克。具体要求如下。

在1000升的加热水槽里加水500升,放入300千克盐渍姬菇,加热至沸20分钟马上放掉混浊的盐水。再注入500升水,加入漂白剂200克(亚硫酸钠170克,磷酸钠30克)搅拌溶解后,放置30分钟。慢慢加温达到沸点后再降温,使加热槽内整体对流,再继续加温20分钟后放掉含漂白剂的水。再重新注水,再加温10分钟后放水。为使姬菇内残存的二氧化硫不得超过0.03克,将姬菇泡在水里放一夜,第二天再装罐。夏季气温高,槽内易产生腐败菌,有条件的放长流水或是在水槽内加柠檬酸搅拌至pH值到4.5以下,再放置一夜较为稳妥。

2. 原料的分选

把处理好的原料放在用不锈钢或塑料制成的工作台上进行分选。原料的分选是清水姬菇罐头加工的关键一步,它直接影响着产品的质量。可分成以下两个阶段进行。

第一阶段以除去异物为重点。在过去出口的盐水姬菇中曾经发现有铁丝、不锈钢丝、大头针、铁块、钉子,小石子、沙子、水泥颗粒、塑料片、火柴杆,蝇子、蜂虫、毛发、兽毛,树枝、树叶、稻草秆,等等异物。为确保质量应将这些异物全面彻底去除掉。

第二阶段是按清水姬菇罐头对原料规格尺寸要求(见表1-1),进行精选并切除柄基部残留的培养基。把姬菇按个头大小分成以下四个级别。

表1-1　姬菇制罐规格要求

规格	SS(毫米)	S(毫米)	M(毫米)	L(毫米)
菌柄的长度	20以下	20~30	30~40	40~50
菌柄的粗细	5以下	5~8	8~10	10~12
菌伞的直径	8以下	8~15	15~22	22~35

3. 原料的煮制

为保证产品的质量,使酸碱度均衡一致,对挑选后的原料应全部煮制一遍。最好用不锈钢槽(用铁锅煮易产生褐变),槽的大小应根据工厂的加工能力而定。每200千克姬菇用水500千克,加柠檬酸100克。如果水槽大可按此比例加水、柠檬酸及姬菇。具体方法是:先把水和柠檬酸按比例加入,用蒸气加热沸腾以后,再放入姬菇。待均衡沸腾以后煮制约20分钟。煮制的时间要使菇柄中心完全煮透为止,否则会使罐头变质膨胀。如煮制时间过长,会失去姬菇的味道及色泽。

4. 注入液的配制

注入液的配制比例应根据使用水的水质而异,一般采用下面比例配方,即按水(使用适合饮用的水)100千克加L-抗坏血酸15克配制,待溶解后停止加热。注入液最好在使用之前配制,前一天配好的注入液使用前应加热沸腾。液温不得低于80℃,罐内中心温度不能低于50℃,以保证罐内能形成真空,防止产品变质。

5. 排气密封

采用加热排气法排气时,排气10~15分钟,罐内中心温度要求达到70℃~75℃,方可开始封罐。如采用真空封罐机,在注入85℃盐水后,应立即送入封罐机内进行封罐。封罐机的真空度要维持在66.7千帕。

6. 杀菌、冷却

杀菌方法通常是将装好的罐头放在高压灭菌器内,在高压下,维持20~30分钟,灭菌的温度和时间依罐型而定。如果用间歇式高压灭菌,其工艺条件如表1-2所示。

表1-2 各罐型的杀菌公式

罐型	杀菌公式	公式说明
761	10′~23′~5′/121℃	杀菌器达到杀菌要求温度所需时间(分)~在杀菌温度下应保持的时间(分)~灭菌器降温时所需的时间(分)/杀菌温度
6101	10′~23′~5′/121℃	
7114	10′~23′~5′/121℃	
9124	10′~27′~5′/121℃	
15173	15′~35′~5′/121℃	

杀菌结束后，出罐，置空气中冷却到60℃，再放到冷却水中冷却到40℃。也可采用反压冷却，能缩短冷却时间，有利保持菇体的色、香、味。但杀菌效果不如冷却水冷却法。

7. 检验入库

已冷却的罐头，从冷水中取出，用干纱布揩干罐身，移至保温室内，在35℃下保温存放5～7天，然后逐罐检查质量。如果罐盖膨胀（膨罐），则说明灭菌不彻底，应予剔除。合格者贴上标签后装箱入库贮存或外销。

第二章　金顶蘑

一、概述

金顶蘑又名榆黄蘑，属担子菌纲伞菌目侧耳科侧耳属真菌。因其菌盖呈黄色，层叠排列，形似皇冠，故有玉皇蘑之称。野生时多于秋季在榆、栎、桦等阔叶树的枯立木倒木上生长，所以又叫榆耳或榆干侧耳。主要分布在黑龙江、吉林、辽宁、河北、山西、四川，在青海、西藏、广东等地也有分布。原来主要是野生，现有少量人工栽培，是著名的食用菌之一。

二、形态特性

子实体丛生或叠生，中等大小。菌盖草黄色至金黄色，初期扁半球形，开展后呈漏斗形或扁扇形，表面光滑，边缘初期内卷，并具细条纹。菌肉白色，薄而脆，有清香味。菌褶白色或带黄色，较密、延生，不等长。菌柄偏生至近中央生，白色带黄色，内实，长 2 ~ 10 厘米，粗 0.5 ~ 1.5 厘米，向上渐细，往往基部相连形成一丛。孢子无色，光滑，近圆柱形，孢子印白色或淡烟灰色至淡紫色（见图 2 - 1）。

图 2 - 1　金顶蘑

三、营养成分

金顶蘑营养丰富,每100克干品蛋白质含量高达42.12克(是鸡蛋、甲鱼的近2倍)。蛋白质中含有8种人体必需氨基酸,且含量丰富。并含有铁、锌、硒等矿物质及多种维生素(见表2-1)。

表2-1　金顶蘑营养成分比较表(干品/100克)

食物名称	蛋白质（克）	脂肪（克）	铁（毫克）	锌（毫克）	硒（微克）	维生素E（毫克）	核黄素（毫克）	硫胺素（毫克）
鸡蛋	13.8	6.40	1.10	0.77	20.50	0.73	0.24	0.10
甲鱼	13.60	4.30	2.00	1.94	15.19	1.75	0.20	0.06
金顶蘑	42.12	1.50	22.50	5.26	1.09	1.26	1.00	0.15

四、药用功效

该菇药用价值很高,中医认为,金顶蘑性温、味甘,有滋补强壮、治疗肾虚阳痿和痢疾及延年益寿等功效。现代医学研究发现,金顶蘑能抑制B型单胺氧化酶的活性,并可降低肝脏过氧脂质的含量,使心肌脂褐素含量下降,提高红细胞中超氧化物歧化酶(SOD)的活性,因而具有良好的降压、抗肿瘤及延缓衰老的作用。

金顶蘑因其色艳、味鲜、形美,营养和药用价值均高,被列为林区蘑菇之冠,其售价是一般菇类的3~5倍,具有广阔的市场前景。

五、生长条件

1. 营养

金顶蘑为木腐菌,对木质素和纤维素具有较强的分解能力。可利用榆、栎、桦等阔叶树进行段木生产,也可利用木屑、棉籽壳、玉米芯、豆秸等农作物下脚料进行代料生产。在代料中适当添加麸皮、米糠、玉米粉、畜禽粪等，有利菌丝和子实体生长发育，从而获得高产。

2. 温度

金顶蘑属中高温型菌类。菌丝体生长温度范围为5℃～35℃，但以23℃～28℃为宜。子实体形成和生长的适温为18℃～25℃，最适温度为17℃～23℃。不需变温刺激。

3. 湿度

金顶蘑在代料栽培时，培养料含水量以60%～65%为宜。子实体生长发育期间，菇房或菇棚内空气相对湿度以90%～95%为好。

4. 空气

金顶蘑子实体形成和生长发育需要充足的新鲜空气。菇房或棚内二氧化碳过高易造成菇体畸形，影响其正常生长发育和商品价值。

5. 光照

金顶蘑菌丝生长不需光照，子实体形成和生长发育需要一定的散射光。

6. pH值（酸碱度）

金顶蘑菌丝体在pH值5.0～8.0均可生长，但以6.0～7.0为宜。

六、菌种制作

（一）母种制作

1. 母种来源

引种或采用孢子分离或组织分离培养获得。

2. 培养基配方及配制

（1）PDA培养基　马铃薯（去皮煮汁）200克，葡萄糖（或蔗糖）20克，琼脂20克，水1000毫升。

（2）改良PDA培养基　马铃薯（去皮煮汁）200克，蔗糖20克，麸皮20克，琼脂20克，蛋白胨2克，水1000毫升。

（3）改良棉籽壳培养基　棉籽壳（煮汁）200克，蔗糖20克，麸皮（煮汁）20克，琼脂20克，蛋白胨2克，水1000毫升。

以上任选一方按常规法配制成试管斜面培养基。

3. 接种培养

将引进或分离的母种按无菌操作接入试管斜面培养基上,置25℃左右条件下培养,7~10天菌丝即可长满斜面(即为试管母种),若菌丝洁白、粗壮,气生菌丝丰富,菌丝爬壁力强,无杂菌污染,即可用于转接原种和栽培种。

(二)原种和栽培种的制作

1. 培养基配方及配制

(1)棉籽壳玉米粉培养基　棉籽壳100千克,玉米粉5千克,石膏1千克,磷酸二氢钾0.2千克,硫酸镁0.1千克,水130千克。

(2)木屑麸皮培养基　木屑47.5千克,麸皮9.5千克,石灰0.5千克,石膏0.5千克,水63~69千克。

(3)麦粒培养基　小麦粒1千克,锯木屑0.1千克,石膏(或碳酸钙)0.01千克,磷酸二氢钾0.02千克,硫酸镁0.01千克。

以上配方(1)、(2)按常规法进行配制。配方(3)先将小麦粒用清水洗净后用清水泡10~24小时,捞入沸水中煮沸20分钟左右,煮至麦粒膨大变软、无白心、不破皮时捞出,沥干水分,拌入木屑和其他辅料,装瓶、灭菌。

2. 接种培养

任选以上一方,灭菌后按常规接入母种,置25℃条件下培养,经30天左右,当菌丝长满培养料时,即为原种或栽培种。

七、常规栽培技术

(一)段木栽培法

1. 段木的选择

选用直径在10厘米以上的榆、栎、桦等阔叶树为培养料,在秋冬季节砍伐,晾至含水量在50%左右,锯成30~60厘米长的小段备用。

2. 打穴接种

用打孔器或电钻在段木上按行距5~6厘米,株距25~30厘米打成梅花状分布的接种穴。穴深以打至树皮木质部内 1 厘米左右为宜,边打孔边接种。接种前,操作人员的手、接种工具、菌种瓶(袋)表面要用 5% 的高锰酸钾溶液或 30% 的新洁尔灭或 75% 酒精进行消毒。接种时,用接种铲将金顶蘑菌种铲成黄豆粒大小的种块,然后用接种镊子夹取种块填入种穴内,随即填入一些培养料,盖上当天煮沸消毒过的树皮,用小锤锤平穴口。用涂蜡封口(封口蜡配方:石蜡 70%,猪板油 10%,松香 20%。溶化后均匀装瓶备用)。接种宜在无风雨的晴天进行。(见图 2-2)

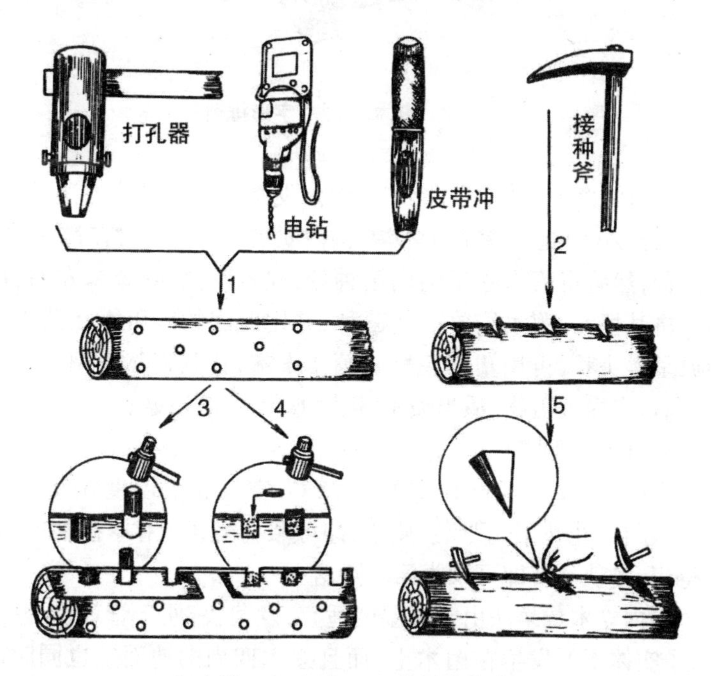

1. 打孔　2. 打穴　3. 接圆木块菌种

4. 接木屑菌种　5. 接三角木菌种

图 2-2　段木栽培的接种工具及接种法

3. 发菌管理

接种后,将菌木按"井"字形排放上堆(见图 2-3),堆高 0.5

米左右，用塑膜覆盖，上盖稻草、枯枝落叶保温保湿，以利自然发菌。当堆温达15℃～20℃时，每天揭膜通风1次，每周翻堆1次。当菌丝发好后，去掉覆盖物，适当喷水，拱棚遮阳，促使出菇。

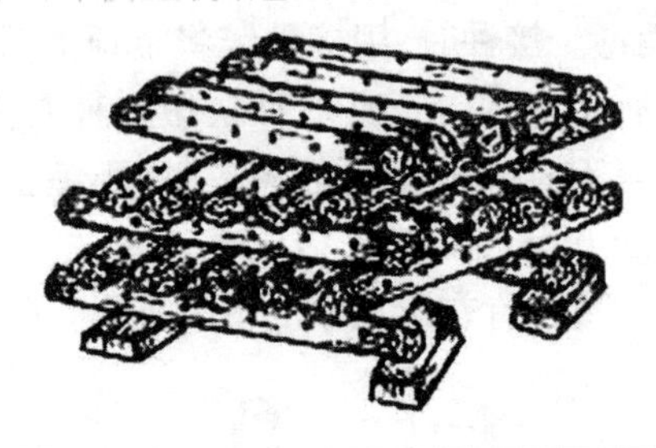

图2－3 菌木呈"井"字形排列

也可将菌木立在预先挖好的沟内发菌出菇。具体方法是：先在地面挖好10厘米深的立木沟，沟内灌足水。立木时在沟内撒1层菌种，然后将菌木立于沟内菌种处，立木距离30厘米左右，用细土将其填实，菌木端放一些菌种，并用湿润的园田土在菌木上堆放呈馒头状，再用塑料膜覆盖菌木上端，让其自然发菌。菌丝发满后，去掉覆盖物，适当喷水，拱棚遮阳，以利出菇。

4. 出菇管理

出菇时，保持温度在20℃～25℃，空气相对湿度在90%～95%，并有"花花阳光"照射刺激，即可顺利出菇。春季播种的，管理得当，夏秋季节即可采收第一潮菇。

沟内立木栽培法由于温湿度适宜，发菌快，便于管理，出菇集中，子实体不但发生在菌木上，而且立木四周的地面上也同时出菇，因此产量高。

(二)代料栽培法

金顶蘑菌丝生长快，抗杂菌能力强，可用木屑、棉籽壳、稻草、玉米秆(芯)等生料、发酵料、半熟料和熟料进行代料栽培。只要出菇时温度能达18℃～25℃的地区，一年四季均可进行生产。

1. 栽培料类型

(1)生料栽培

①培养料配方及配制:

A. 玉米芯 90 千克,麸皮或米糠 10 千克,石膏粉 1 千克。将玉米芯碾碎或粉碎成指头大小的碎块,装入编织袋内,浸入 1% 的石灰水中 24 ~36 小时,以吸透水为度,捞出,用清水冲至 pH 值 8 ~9,沥至不滴水时,加入麸皮或米糠、石膏,拌匀后铺料或装袋播种。

B. 豆秸 90 千克,麸皮或米糠 10 千克,糖 1 千克,石膏 1 千克,多菌灵 0.2 千克。将豆秸碾碎或铡碎至 3 ~5 厘米长,置于多菌灵溶液中浸泡 20 小时,捞出控水至不滴水,加入麸皮或米糠、糖、石膏,拌匀后铺料或装袋播种。

C. 杂木屑 80 千克,麸皮 18 千克,石膏 1 千克,糖 1 千克,石灰 1 ~1.5 千克,多菌灵 0.1 ~0.3 千克,料水比1:(1.2 ~1.4)。按常规配制后铺料或装袋播种。

D. 木屑 50 千克,豆秸 35 千克,玉米粉 3 千克,麸皮 10 千克,石灰粉 1 千克,石膏 1 千克,多菌灵 0.1 千克,水 120 ~130 千克。

E. 棉籽壳 85 千克,麸皮 10 千克,糖 1 千克,过磷酸钙 1 千克,石膏 1 千克,多菌灵 0.1 千克,水 120 ~130 千克,多菌灵 0.1 千克,石灰 1 千克,水适量。

F. 稻草或麦草 74 千克,玉米粉 25 千克,石膏 1 千克,多菌灵 0.1 千克,水 120 ~140 千克。将稻草或麦草晒干碾碎或粉碎至 3 ~4 厘米长,用 0.5% 的石灰水浸泡 12 ~24 小时(温度低时浸泡时间略长,反之宜稍短),捞起用清水冲洗 1 ~2 次,沥干水分,拌入其他辅料。即可铺料或装袋播种。

②培养料要求:生料栽培时均要求培养料新鲜、干燥、无霉变,使用前最好暴晒 1 ~2 天。以借助阳光中的紫外线杀灭部分病菌和虫卵,减少生产过程中的病虫害。在气温较高的季节进行生料栽培,易感染杂菌,风险较大,最好将培养料配制堆积发酵后进行栽培,成功率会更高。

(2)发酵料栽培　培养料配方及配制如下。

①豆秸50千克,木屑33千克,新鲜猪粪15千克,石灰1千克,硝酸铵1千克,多菌灵0.15~0.2千克,料水比1:(1.3~1.5)。将豆秸晒干碾碎或切成3厘米左右的碎片,与木屑、猪粪、石灰、硝酸铵混合均匀后堆制发酵,堆高1米,宽1.5~2米,长不限。也可堆建成圆锥形堆。建堆后轻压堆面,然后用较粗的锥形木棒在堆上自上而下、斜向均匀地打通气孔直通堆底。堆上覆盖薄膜或草帘,并定期掀动,以利通风换气。待堆中心温度升至70℃左右,保持8小时后,进行翻堆。翻堆要细致、均匀,使上层的低温干燥层、下层的厌气发酵层、中层的高温好气发酵层交换位置。翻堆后,使料温回升至55℃以上时维持48小时再进行翻堆,前后翻堆2~3次。当培养料pH值7~7.5,木屑变至微红色,料有香味时,发酵即结束。最后散堆,边散边喷多菌灵。待料温降至30℃以下时即可铺料或装袋播种。

②玉米芯(或豆秸)80千克,鸡粪25千克,生石灰2千克,石膏1千克,尿素0.3千克,多菌灵0.15千克,料水比1:(1.3~1.5)。将玉米芯或豆秸晒干碾压或粉碎成手指头大小的碎块,用2%的石灰水(加多菌灵和尿素)浸泡5分钟,捞出沥至不滴水,拌入鸡粪和石膏粉,堆制发酵。堆制方法如上所述。

杂木屑50千克,玉米芯或豆秸25千克,鸡粪25千克,尿素0.4千克,石灰粉2千克,石膏1.5千克,多菌灵0.15千克,敌杀死0.02千克,料水比1:(1.3~1.5)。拌匀后堆制发酵,发酵结束后喷入多菌灵和敌杀死。复堆12小时,再散堆降温铺料或装袋播种。

(3)熟料栽培

①培养料配方及配制:

A. 玉米芯或豆秸80千克(碾碎或粉碎),麸皮10千克,玉米粉10千克,石膏1千克,料水比1:(1.2~1.5)。

B. 杂木屑80千克,麸皮20千克,石膏1千克,糖1千克,料水1:(1.2~1.3)。

C. 在生料栽培的各配方中,除去多菌灵、敌杀死等,均可进行熟料栽培。

②灭菌与接种：因地制宜任选上述配方一种，按常规配制后装袋，采用常压灭菌。灭菌后将料袋取出，冷却至30℃以下时，在无菌条件下接入菌种。最好打开料袋两头，进行“两点式”接种（即在料袋两头均接入菌种），以利快速发菌。接种后随即复扎好袋口，防止污染。

2. 出菇方式

金顶蘑在采用上述多种培养的前提下，可用多种方式进行出菇，现介绍以下几种。

（1）墙式出菇法

①装料灭菌接种：选用（20～28）厘米×（45～50）厘米的聚乙烯塑料袋按常规装入生料或发酵料，常压灭菌10小时；也可用聚丙烯高压塑料袋装料后，高压灭菌1.5小时。灭菌后将料袋移入栽种室，在接种箱内按无菌操作接入菌种。接种后将菌袋放置培养室适温培养发菌。

②培养发菌：将菌袋码放发菌，温度低时可码4～5层。在发菌期要做好以下管理。

A. 调控好温度：如温度偏高，应将码放的菌袋减少层次或将菌袋松散放置，并要通风换气，防止高温烧菌；若温度过低，可将菌袋加层堆码或加盖薄膜保温，必要时还可人工升温，以利菌丝正常生长。

B. 注意检查发菌情况，如发现杂菌感染，要及时处理，防止扩大蔓延。

③码袋出菇：当菌袋发满菌丝后，将其脱袋成菌筒码成墙式，让其出菇。码袋方法：第一层两菌筒相对间隔20～25厘米进行码放，长度以棚室大小为度。菌筒之间用田园细土填满。每100千克土加入尿素0.5千克，石灰粉1.5千克，石膏粉1千克，多菌灵0.1千克，水120千克。填土要高出料面1～2厘米。然后再码第二层。如此堆码5～6层。码堆时要让菌筒外缘低，每层菌筒向里分别缩进2厘米，使整个菌筒墙呈梯形。最后一层上方覆土

10～20 厘米。菌墙顶端用泥浆筑成蓄水槽。出菇时向槽内注入清水或肥水，以便补水，保湿，增肥。菌墙两侧菌筒之间的缝隙要用稠泥填满，使菌筒料面保持在一个平面上。（见图 2－4）

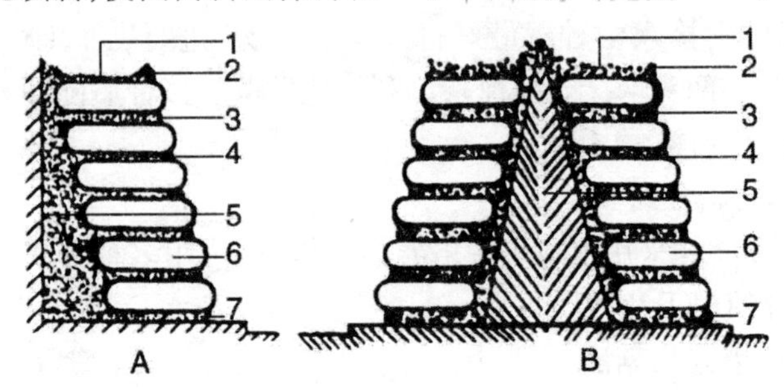

1. 水槽　2. 泥埂　3. 密封泥　4. 营养土
5. 土墙　6. 菌棒　7. 泥埂

图 2－4　两种菌墙的横断面

④出菇管理：菌墙筑好后，要进行保温催蕾。保温方法可在菌墙上罩塑料薄膜。温度低时可在棚室内升温，使棚室温度达到 18℃～25℃。出菇期间，要定期向出菇场所地面、空中喷洒水或喷雾，并向菌墙上蓄水槽内补水保湿。在温、湿度适宜的条件下，20 天左右即可出菇。

墙式栽培占地少，可充分利用棚室空间，且管理方便，菇朵形大，品质好，产量高。

（2）床架出菇法

①床架的准备：在菇房或菇棚内，用竹竿、木棍和木板搭建多层床架，然后在床架上铺料或排袋出菇，可充分利用棚室空间，节省用地，提高产量。具体做法是：在菇房或大棚内，先用竹竿或木杆立柱绑扎固定成床架；或用木工按正规方法打眼穿木做成正规多层床架，床架宽 80～100 厘米（以横卧两个菌袋为宜），高 1.8～2 米，长视棚室大小而定。一般分为 5 层，每层间距 50～60 厘米。床架四周用木板镶成 20 厘米高的床框，以利铺料或放袋。两床架之间留 60 厘米人行道，以便操作。

②铺料播种:进料前先在床架内铺垫一层地膜,然后铺料。播种采用层播法,即一层料一层菌种。播种时先在床架内撒一层菌种,铺 10 厘米左右厚的培养料,再撒一层菌种,铺 10 厘米厚的培养料。如此铺料播种共 3 ~4 层。最上层再撒一层菌种封面。播种量15% ~20%。播完一层种,用木板将料面拍平,轻轻压实后,覆一层 1.5 厘米厚的细土,上覆薄膜,并封严,以利保温保湿发菌。

③出菇管理:在温度适宜的条件下,一般播种后 30 天左右即可长满菌丝。此时应撤去床架四周镶板,开窗通风换气,以利增加氧气,并适当喷水,以提高空气相对湿度,可促进出菇。不久,子实体将破土而出。

附:树根和树枝栽培法

利用森林采伐后的树根或树枝栽培金顶蘑,不仅可节省大量成林树木,且可废物利用,提高经济效益。具体做法如下。

1. 树根栽培

将采伐后的榆、栎、桦等阔叶树断面直径在 20 厘米以上的树根,就地打眼接种,断面上撒些菌种,用湿土覆盖断面使呈馒头形,再用地膜包扎断面,以利保温保湿发菌。当菌丝发好后,对树根断面适当覆盖草帘、树叶等遮阳,以利出菇。

上述方法,管理粗放,废物利用,成本低,菇质好,出菇期长,产量高,经济效益好。

2. 树枝栽培

(1)枝束准备　将采伐后的榆、栎、桦等阔叶树的枝丫,截成 30 厘米左右长(最好不弯曲)。用草绳捆成直径 30 厘米左右的枝束备用。

(2)整理畦床　在室外空地或林间,做栽培沟畦床,畦宽 80 厘米,沟深 18 厘米左右,两畦并列,间距 10 厘米,人行道 60 厘米,畦床位于人行道两边,以利操作。畦床整好后,先灌透水,再撒一层石灰粉,用以消毒。

(3)立枝束与播种　将捆好的树枝束播上菌种填满枝束缝隙,用地膜将枝束包扎好,立于备好的沟畦内,用湿土堆成馒头形,覆膜保温保湿,以利发菌。

(4)出菇管理　当菌丝发好后,在沟畦上盖拱膜遮阳,防止阳光直射,喷水保湿,使空气相对湿度达90%～95%,温度保持20℃左右,不久即可现蕾出菇。

此法由于栽培环境适宜,有利高产。

八、优化栽培新法

(一)箱、筐栽培法

据吉林蛟河市白石山林业局杨儒钦(2000年)报道,利用箱、筐栽培金顶蘑,工艺简单,管理方便,产量高。具体操作如下。

1. 制备箱、筐

用竹、木钉制统一标准的简易木箱、筐,其规格深25厘米,长、宽按条件或便于搬动自行设计,也可利用水果包装箱代替。

2. 原料配方

(1)杂木屑(针叶类不超过5%)80%,麦麸或玉米面20%;外加豆面1%,石膏1%,石灰2%,克霉净0.1%。

(2)玉米芯(干燥无霉变,暴晒2天后加工成碎颗粒状)85%,麦麸或细稻糠15%;另加克霉净或多菌灵0.1%,石膏1.5%,石灰1.5%。

(3)豆秸(干燥未经过雨淋,暴晒后铡成3厘米长)90%,麦麸或玉米面10%;外加克霉净或多菌灵0.15%,石膏1%,石灰2%。

以上配方含水量均为60%～65%。发酵料和生料栽培,播种时需加0.01%敌杀死防虫。

3. 原料处理

(1)熟料　按配方将料加水拌匀,装入垫有薄膜的箱、筐内,边装边压实,装至与箱、筐口平时,把料面拍平压实,料厚22厘米左右,用锥形木棒扎孔,孔距6厘米左右,再拉紧盖严薄膜,上锅蒸,达100℃时维持6小时,停火闷4小时后出锅。

(2)半熟料 按上述配料,开锅后顶气撒料(如同蒸酒)。满锅(甑)上盖,圆气计时,保持开锅状态 3 小时,出锅趁热装箱、筐,拍实料面,扎孔后盖严薄膜。

(3)发酵料 按配方要求(克霉净、敌杀死之类后加),含水量在 50% ~55%,起堆打孔发酵,当料温超过 55℃,保持 48 小时后翻堆,复堆后料温超过 55℃保持 48 小时,散堆补水同时加入防霉、杀虫药,再堆起闷 24 小时。

(4)生料 按照配方要求一次配齐,堆起闷 24 小时。发酵料与生料接种前需充分翻拌,以利料内空气交换流通。

4. 播种要求

(1)熟料、半生料 当箱、筐内温度降至 30℃以下时,在无菌室内进行开放式接种,空间和菌种袋表面消毒如常规。接种时,先把菌种碎成玉米粒大小块状,将箱面薄膜掀开,均匀接种于料面和孔内,接种量为干料重的 12%,覆膜后置 20℃左右的温室中培养。

(2)发酵料、生料 先在箱、筐内铺好薄膜,按层播后再扎孔穴播,厚22 厘米左右,接种量20%,向内折薄膜盖严表面,置20℃左右温室中培养。

5. 菌丝培养

金顶蘑菌丝最适生长温度 20℃ ~25℃。由于培养基容量、密度、接种量等因素的不同,箱、筐内温度与室温的差距也不同,所以要定时查看箱、筐内料温。可通过上下倒箱、通风换气、外加温等方式来控制箱、筐内料温。金顶蘑为好气性真菌,发菌过程中需足够的氧气,要定期检查菌丝吃料进度,发现停止生长即是缺氧,应及时扎孔补救。摆放的密度,不可太大,还要定时开门通风换气。

6. 出菇管理

金顶蘑出菇不需变温处理,当菌丝贯串全部培养基后,只要环境气温能稳定在 16℃ ~30℃便可出菇。出菇方式可分以下几种。

(1)保护地出菇(适于冬季和早春) 保护地出菇即在塑料大棚内出菇。棚温需在16℃以上,要能透进阳光,能通风换气,空气湿度不超过90%。出菇方式可分层架出菇、墙式出菇和地面平放出菇。层架出菇,即将箱、筐放于棚内层架上,每层间距不少于40厘米。墙式出菇,即把箱、筐脱掉(也可连箱)将菌块或菌箱放于棚内侧,底部相对,双行并列垒成墙,让其出菇。墙间要留80厘米宽作业道,墙高不超过1.5米,墙两端要立柱加固。地面平放出菇,即将箱、筐脱掉平放于棚室地面,菌块之间靠紧,2~3行并列,留50~70厘米宽作业道。上述出菇管理均同常规。

(2)露地简易拱棚出菇(适于晚春和初夏) 即在室外阳畦出菇,要保持环境卫生,要搭简易遮阳拱棚,备有防暴雨、挡风的塑料膜。出菇方式也可采取层架、墙式、平放出菇。具体要求同保护地出菇法,出菇时空气湿度不低于80%,注意防大风直吹,尽量提高环境湿度,确保正常出菇。

(3)兼作套种出菇(适于夏秋) 因这个季节高温多雨,一般不喷水管理金顶蘑也可正常生长。这个季节可与林地、果园、农田、蔬菜兼作套种,只需连箱斜放于兼作地的空闲处即可。要有防暴雨和连阴雨措施,还需防虫害。此法可减少棚架材料开支,省工节时,效益更好。

7. 采收

按常规栽培要求及时采收。

(二)阳畦栽培法

1. 培养料配方

(1)阔叶树木屑87%,麸皮5%,玉米粉5%,石灰粉1%,石膏粉1%,过磷酸钙1%,含水量在60%~65%。

(2)木屑100千克,麸皮20千克,豆饼粉5千克,石灰粉4千克,石膏粉2千克,多菌灵0.2千克。

2. 配制方法

任选以上配方一种,先将主辅料干拌均匀,再加适量水拌匀,上堆发酵2~3天,然后散堆挥发废气待用。

3. 畦床的准备

选择地势较高，排灌方便，背风向阳的空闲地或果木林间做畦床，先铲除地面杂物，四周喷洒敌百虫等杀虫药剂，再做成宽60～80厘米、长4～5米、深15～20厘米的沟形畦床。畦与畦间留60厘米的人行道。进料前将沟畦内灌透水，并撒一层石灰粉，以利消毒。

4. 铺料播种

将配制好的培养料铺入沟畦面上，铺一层料撒或点播一层菌种，共铺料播种3层，料厚15～20厘米。播种量15%以上。

5. 培养发菌

播完种后，将料面稍压实，盖一层旧报纸，用地膜盖严，再覆一层2厘米左右厚的细土，以利保温保湿，促进发菌。

6. 出菇管理

出菇时，露地阳畦栽培的要在畦面上拱棚或设棚遮阳，避免强光直射，影响出菇。

7. 采收

按常规要求采收。

（三）压块栽培法

1. 模具制备

用木板做成30厘米宽、33厘米长、10厘米高的木框模具，并做一块略小于宽、长的盖板，盖板中央钉一门用拉手（以便提盖），不要底板。

2. 铺料播种与压块

将模具放在菇房或棚室地上，再将配制好的培养料装入模具内，一层料一层菌种，共铺料播种2层，使料面稍高于模具，上播一层菌种，盖上模具盖，用脚踩盖压实。然后轻轻脱去模具木框。如此一块一块地制成菌块。菌块与菌块之间距离10厘米左右，如香菇菌砖栽培（见图2－5）。

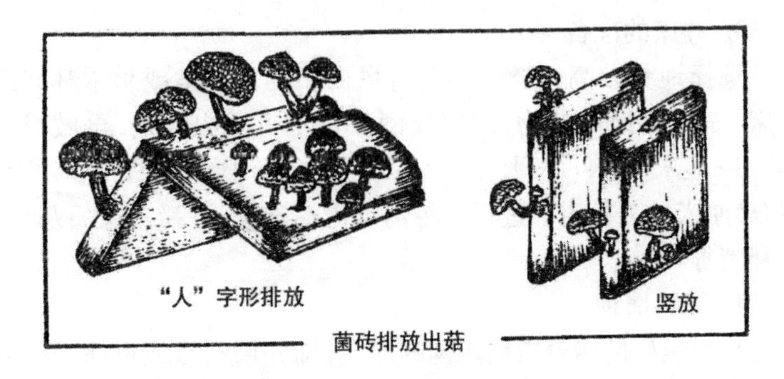

图2-5　香菇菌砖栽培

3. 发菌管理

菌块制好后，上覆薄膜，以利保温保湿，防止污染，让其自然发菌。发菌期间保持温度在25℃左右为宜。接种7天后要防止料温自然升高而烧菌。若料温高于28℃，要及时揭膜通风降温。料面发现杂菌感染，可用生石灰撒盖杂菌，或用0.6%～0.8%多菌灵喷杀。

4. 出菇管理

当菌丝吃透菌块料(25～30天)，料面开始形成淡黄色原基时，即可将菌块移入出菇室或搬上床架进行出菇(也可就地出菇)。此时要向空中或地面喷水，保持空气相对湿度80%以上，每天通风1次，保持23℃左右的温度，以利正常出菇。

5. 采收

按常规进行。

(四)立体套种法

金顶蘑立体栽培可在大棚内进行，也可与蔬菜间做套种。其做法如下。

1. 棚内立体栽培

在大棚或菇房内设床架，床架下层距地面70厘米左右。床架上摆袋或放菌块出菇，层架下吊袋出菇，地面上铺料大床栽培。出菇管理同常规。

此法可充分利用棚室空间，菇产期长，产量也较高。特别适合土地面积小的地区及城镇居民利用房顶、阳台栽培使用。

2. 大棚蔬菜内套种栽培

选用黄瓜、芹菜等大棚蔬菜与金顶蘑套种，可大大提高菜农的经济效益。具体做法如下。

(1)做畦　在黄瓜等蔬菜定植前10～20天，铺料播种金顶蘑。播种前5天在棚内做好畦床，顺大棚方向在棚中间做一宽60厘米的人行道，在人行道两边垂直做畦，畦宽1米。长视棚宽而定。畦深20厘米，畦底宽60厘米，畦边成垄，留作定植黄瓜等蔬菜用。人行道边挖好排水沟。(见图2－6)

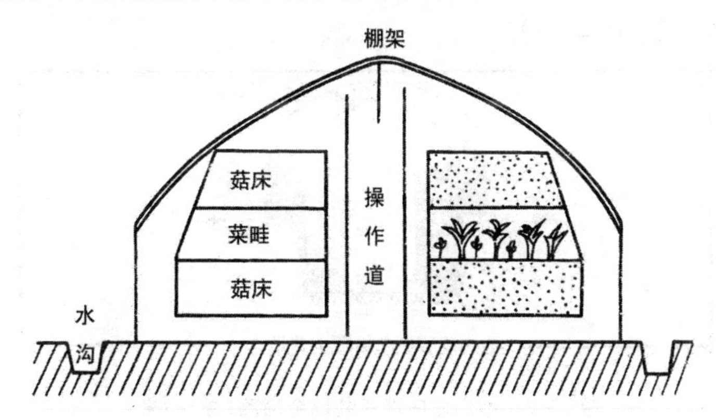

图2－6　大棚内菇菜混种示意图

(2)铺料播种　在畦内铺料15～18厘米，穴播(穴距2～3厘米)或层播菌种(底、中、表三层)。播种量15%左右。播种后畦面覆膜，四周用细土压严，以利发菌。

(3)出菇管理　同常规。

此法可利用作物生长期的差异，充分利用大棚的温湿效应而获取较高的经济效益。

(五)地沟栽培法

金顶蘑地沟栽培即半地下式栽培法。此法具有冬暖夏凉保温保湿等优点,适合北方地区的冬季和南方地区的夏季进行生产。

1. 地沟的建造

选用背风向阳、地势较高、地下水位较低排灌方便、土层深厚、土质黏、结构紧密的地方做沟。沟座最好是坐南朝北东西走向,便于接受阳光,冬季不必采暖增温。地沟宽 2 ~ 2.5 米,深 2 米,长度在 10 ~ 30 米。将挖出的土堆在沟的两侧,拍实筑成土墙,南墙低于北墙,上面加盖塑料膜棚顶。地沟两侧每隔 1.5 米开一个通气孔,下口距地面 30 厘米。棚顶要留 2 ~ 3 个孔做天窗,以便通风换气和调节温、光。为有利保温,棚顶可加盖草帘等保温物。(见图 2 - 7)

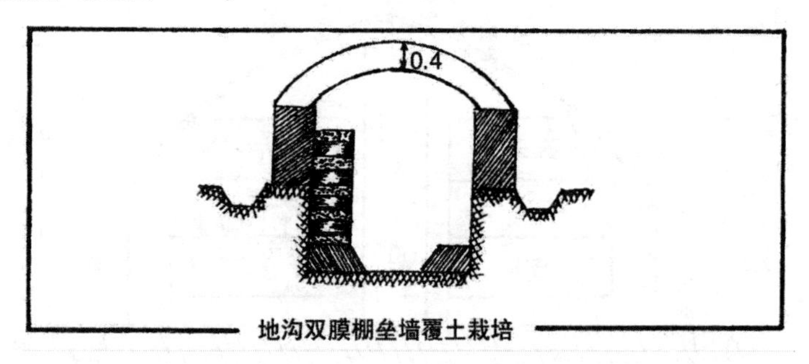

图 2 - 7　地沟菇房墙式栽培金顶蘑(单位:米)

2. 培养料配方及配制

棉籽壳或阔叶树木屑 100 千克,过磷酸钙 1 千克,糖 1.5 千克,尿素 0.2 千克,石灰粉 0.5 千克,多菌灵 0.1 ~ 0.2 千克。用适量水拌料,使含水量达 60% ~ 65%,将培养料堆成圆锥形,堆顶高 1 ~ 1.5 米,加盖薄膜,保温发酵,经 3 ~ 4 天发酵,温度可达60℃ ~ 70℃,维持 24 小时后,翻堆一次。当料温开始下降时装料。用 30 厘米 × 50 厘米 × 0.04 厘米的聚乙烯筒膜装料制成菌袋。

3. 接种发菌

将菌种在无菌条件下按常规接入菌袋,最好两头接种,也可边装料边接种,还可将培养料与菌种按10∶1的比例混合装入袋中,装至距袋口10厘米时,用直径1～1.5厘米的锥形木棒将培养料打孔至袋底,再插入一个草束,扎紧口,使袋口朝外成墙式堆放,距地沟0.4米垛成1～1.5米高的菌墙,中间留0.5米宽人行道。纵堆2行,以利出菇。

4. 出菇管理

经过30～40天培养,菌丝即可长透袋料。当原基出现时,将两头袋口同时打开并向外卷,露出培养料约3厘米,以便出菇。此时要适当喷水,保持空气湿度达85%～90%,并加强通风和给予一定光照,可促进子实体快速生长。

5. 采收

同常规。

(六)露地生料栽培法

1. 选地做畦

选择地势较高,背风向阳,排灌方便的黑土或沙质壤土地做栽培地。除掉地表杂物做畦,畦宽50厘米,长4～5米,深(畦底低于地面)5厘米。平整床面,撒些石灰粉消毒备用。

2. 培养料配方及配制

(1)大豆秸(铡成3～5厘米小段)或玉米芯40%,木屑35%,麸皮16%,豆饼粉4%,石膏2%,石灰3%。

(2)木屑100千克,麸皮20千克,豆饼粉5千克,石膏2千克,石灰4千克,多菌灵0.2千克。

配制方法:配方(1)中的大豆秸或玉米芯,铡碎后要先放入1%～2%的石灰水中浸泡24小时,捞出沥至不滴水,备用。配方(2)中的木屑、麸皮、豆饼粉、石膏,按比例称量混合,加石灰水拌匀,含水量调至60%,堆制过夜备用。接种前,再与豆秸或玉米芯混合均匀,将多菌灵用少量水溶解后喷入料中,拌匀后即可铺料播种。

(3)在培养料中加入4%的豆饼粉和木段,可获得高产。木段以选用柞、榆木为好,直径8～12厘米,锯成12厘米长的小段,放在1.5%的石灰水中煮沸1小时,再闷6小时,即可使用。

3. 铺料接种

露地生料栽培金顶蘑的季节,在东北地区以3月中旬至4月初为宜,即地温达5℃以上,平均气温在15℃以下的地区均可在低温下采用开放式接种栽培。因为气温低,杂菌活动弱,污染率低。

铺料前,用5%的石灰水喷洒床面进行消毒。接种采用层播法,先在床面按33厘米的间距立摆木段,呈梅花形摆放,在木段间(即床面)铺一层培养料,播一层菌种,木段周围多播些菌种。如此共铺3层料播3层种,使料面高于木段,表面一层菌种量要大些,以利菌丝迅速布满料面而防止杂菌污染,播种后将料面与木段用薄膜覆盖严紧,其上再覆一层2~3厘米厚的细土,以利保温保湿防杂。每平方米地面可铺料20千克左右,用菌种6~8瓶。

4. 发菌及出菇管理

露地栽培多为早春播种。自然低温发菌,如床内料温超过29℃,则要掀膜通气或在料面喷适量冷水降温,以免烧菌。接种后40天左右,当菌丝长透料层,发现“吐黄水”时,即可除掉床上覆土,揭去覆膜,再将细土覆于床面上1厘米左右厚,同时拱棚遮阳防雨。此时每天喷水2~3次,保持床面湿润,以利出菇。

5. 采收及后期管理

金顶蘑子实体生长较快,一般从现蕾到发育成熟只需3~4天。当菌盖充分展开,见有少量孢子散发时,即应采收。采收时用刀片将菇体从培养料表面割下,尽量不损坏培养基,又不留下残根。

采收后清理床面,轻喷1次水,停水3天后再进行水分等管理。经8~10天又会形成菇蕾。只要条件适宜,一般可先后出菇4~5批。每平方米可产鲜菇20~30千克,若在每潮菇采收后,喷洒适量营养液,每日喷1次,连喷3天。如此产量更高。

(七)阳畦发酵料栽培法

1. 栽培季节

东北地区一般于7月中下旬进行播种,其他地区可适当提前或推后。

2. 阳畦的建造

畦床地选择背风向阳,地势较高的平坦处,整成东西走向,宽70厘米,深25厘米,长不限的畦床。栽培前畦内灌10厘米深的水,待水渗透泥土后,将畦底和畦壁修整压实备用。

3. 栽培料配方及配制

配方:阔叶树木屑87%,麸皮5%,玉米粉5%,石灰1%,石膏1%,过磷酸钙1%,含水量在60%~65%。

配制方法:将木屑、麸皮、玉米粉、石灰按配方比例混合均匀,再加适量水拌匀,使含水量在60%左右。料拌匀后堆积发酵,上覆草帘或薄膜,以利提高料温,加速发酵进度。堆料后第4天翻堆一次,复堆后2天再翻堆一次,并向料内加入1%的石灰粉,此后第8、9、10天分别进行第三、四、五次翻堆。第五次翻堆时加入1%的过磷酸钙。第12天进行第六次翻堆,加0.1%的多菌灵拌匀,复堆。当栽培料呈茶褐色并有香气时,发酵即结束。

4. 接种发菌

将发酵好的培养料铺入畦床上,厚度与畦深相同,采用穴播接种,穴行距5~6厘米,株距25~30厘米,使接种穴呈梅花状分布。最后在整个畦床料面上撒一层菌种,以利发菌时尽快形成菌丝优势而防止杂菌污染。接完种后用地膜覆盖床面,并在地膜上盖压1~2厘米厚的菜园土。经45~60天的发菌,即可进入秋季出菇阶段。

5. 秋季出菇管理

发菌结束后,去掉畦床面上地膜,保留其上的覆土。也可不去膜,用利刀将其划破呈“井”字形,让其出菇。然后浇一次重水,并在畦床上加50厘米高的拱膜遮阳棚,上盖草帘遮阳,拱棚阴面地膜自然下垂。这样既能保湿、保温、遮阳、浇水,又便于采菇。7月中旬播种的9月上中旬即可出菇。秋季出菇期到10月中旬左右即告结束。

6. 越冬管理

先去掉遮阳棚上的草帘和薄膜,在畦床面上再覆1厘米左右厚的菜园土,浇一遍水,让其自然越冬。越冬后次年于4月上旬对畦床料面浇一次大水,覆盖薄膜和草帘,让菌丝恢复生长,经10~15天即可出菇。早春出菇时间可持续2个月左右。

(八)墙式覆土栽培法

金顶蘑采用墙式覆土栽培产量高、效益好,其方法如下。

1. 培养料配制

(1)棉籽壳45%,玉米芯45%,油菜饼5%,米糠5%;另加尿素0.1%,磷酸二氢钾0.1%,石灰2%~3%,含水量63%~68%。

(2)棉籽壳47%,木屑(松、杉木屑经堆积半年以上)40%,油菜饼10%,玉米粉3%;另加磷酸二氢钾0.1%,石灰2%~3%,含水量62%~65%。

(3)玉米芯55%,木屑30%,油菜籽饼5%,麦麸5%,米糠5%;另加磷酸二氢钾0.1%,尿素0.1%,石灰2%~3%,含水量62%~65%。

(4)粗木屑32%,细木屑53%,油菜籽饼10%,玉米粉2%,米糠3%;另加磷酸二氢钾0.1%,尿素0.1%,石灰2%~3%,含水量62%~65%。

2. 菌袋制作

选用折径17~23厘米,长40~43厘米的高密度低压聚乙烯菌膜袋,袋料配制、灭菌、冷却、接种均按常规栽培法进行,但配方中以棉籽壳或玉米芯为主料的配方效果较好。生产中还可选用仅出过头潮菇或二潮菇未染杂菌虫害的菌袋脱袋备用。

3. 栽培场地

能通风、保湿的菇房为好,老菇房先用500~800倍敌敌畏液杀虫,再撒石灰消毒。(注意:菌墙制作及出菇管理时严禁在菇房及四周使用敌敌畏,否则将造成菇体畸形甚至死菇)

4. 栽培方法

(1)营养泥及追肥制作

①营养泥:选泥河中淤泥或鱼塘(荷塘)中塘泥提前取出晾至成块待用,也可直接取出使用;菜园土选表土层15厘米以下泥土待用。另准备4%~5%油菜籽饼浸出液,0.2%~0.4%尿素液,0.2%~0.3%磷酸二氢钾液,1%~4%石灰。将上述泥土与其他材料拌和成糊状有黏性,pH值7.2~7.8的稀泥,即成营养稀泥。

②追肥液配制:以4%~5%油菜籽饼浸出液+适量石灰配成pH值7~7.5的混合液体。

(2)墙式覆土

在经消毒、杀虫的菇房内用砖或石块等材料铺底垫基,宽度与菌袋长基本一致,长不限,每行墙基间距80~100厘米。先用石灰水将垫底的砖(石)墙基等材料泼湿,然后在其上抹一层2~3厘米厚的营养稀泥,将菌袋浸入追肥液中3~5秒取出横砌于菌墙垫基上,菌袋间距2~3厘米;第一层菌袋砌满后即铺一层营养稀泥,再浸袋,砌第二层,依此共砌5~6层(过高易倒),最后用营养稀泥填空,将缝填满,整个墙体收浆,涂营养稀泥,次日检查营养稀泥若有脱落随即修补。

5. 出菇管理

菌墙垒好后,在室温15℃~30℃,空气相对湿度85%~95%情况下,金顶蘑原基1~5天即可分化形成,5~12天即可在墙面涌现大量菌蕾。子实体处于桑葚期时,空气相对湿度控制在85%~90%,并要加大通风量,一般不宜直接向菌墙喷水。子实体处于生长期时需大量新鲜空气和充足的散射光照,此时要注意保湿通风,勤喷雾状水,每次喷水后加大通风,时间在30分钟以上。若水分过多容易造成死菇,若光线不足,形成商品性状较差淡黄至浅白色菇。

6. 采收与转潮管理

当子实体菌盖直径到2~4厘米,菇盖边缘内卷时,即可采摘。此时菇体色泽金黄、鲜嫩,烹饪时菇柄嫩、脆,特别适宜作中餐、汤菜或火锅用菜。当菌盖直径到5厘米以上,菇盖边缘渐平展,开始弹射孢子时须尽快采摘,此时菇体色泽由金黄渐至浅黄,菇柄特别是基部烹饪时口感较绵，只适宜作为中餐用菜，不宜作为火锅用菜。当子实体大量弹射孢子后，菇盖易碎，菇柄更绵，商品价值降低，应尽快采收。每潮菇后，清理菇脚根及死烂菇，及时用营养稀泥填补墙面裂缝，停止喷水2～4大，后喷追肥液1～2次，然后每天向墙体喷雾状水保持墙面泥土湿润，待出菇后同前管理。

7. 产量与质量

（1）产量　金顶蘑墙式覆土栽培比常规架式（堆积式）栽培增产效果十分明显，以棉籽壳、玉米芯、杂木屑作主料进行墙式覆土栽培，一般增产60%以上；以棉籽壳、玉米芯做主料的菌袋增产率可达100%上。

（2）质量　金顶蘑常规栽培法子实体基部（即每丛菇菇柄共同着生部）较大，占总重量1/4～1/8，子实体基部很绵无法食用，因此基部大的菇商品价值低，而墙式覆土法栽培子实体几乎不存有基部，显著提高了商品质量，且菇体色泽金黄、鲜嫩、菌肉细腻，深受消费者欢迎，更具市场竞争力。

（3）高产优质机理　墙式覆土改善了培养基表面的水分、空气、pH值、孔隙度、微生物种群等外界环境，提供了金顶蘑生长发育所需要的氮、碳和矿物质营养，土壤中的钾离子、硫胺素、钙肥等被菌丝体吸收激发了酶的活性，促进了原基、子实体的形成和发展。墙式覆土创造了菌丝繁育的优良环境，使水分、二氧化碳、微生物分布，pH值等得以改善，同时表土的屏蔽作用抑制了虫、鼠等的危害，不仅可以防止杂菌的侵入和污染，更使得菌丝体活力增强、洁白粗壮，子实体长势强劲、菇形整齐、个大柄短、组织致密厚实、后劲优势明显。

（九）周年栽培法

金顶蘑依其适宜的生长发育条件，利用温室、大棚、菇房、床架、露地阳畦等方式可进行周年生产，能保证一年四季有鲜菇上市，商品价值高，经济效益好。其主要方法如下。

1. 春季栽培法

春天日照渐长，气温回升较快。可北方利用温室、南方利用大棚进行培菌或出菇。同时也可露地生料畦栽。

（1）棚室栽培

①播种培菌：当温室或大棚内的温度能保持在10℃～25℃时，即可在棚室内直接播种。原料为玉米芯、豆秸等作物秸秆和棉籽壳及木屑等。采用发酵料、半熟料法处理原料，以箱筐、床架等方式进行栽培。发菌时温室需人工增温，大棚夜间需覆盖草帘、麻袋、废棉絮等保温物，以尽量提高棚温。白天有阳光时，可揭去保温物，利用日光增温，使棚室内的温度控制在25℃以下。并适当注意通风换气，以利菌丝生长。培养好的菌料，春末夏初即可出菇，有利提早上市。

②出菇管理：利用冬季培养成熟的菌袋、菌块，在温室或大棚条件下，当棚室内的温度能控制在15℃～25℃时，即可采用墙式、床架式或畦式让其出菇。有增温设施的温室，需要人工增湿和控制通风透光，以利提早出菇。

（2）露地畦栽

①播种：于当地日平均气温稳定在5℃以上时开始播种。原料可利用农作物秸秆等多种料混合，也可单独用。可采用生料、发酵料、半熟料、熟料多种处理方法进行配料栽培。

②发菌：发菌时，白天尽量增加畦面光照，以利提高地温；夜间增加覆盖物加强保温。随着阳光的增强，逐步加厚畦面覆土。后期应避免内部高温。在正常情况下发菌期为45天左右。

发菌成熟的标准：用手敲打畦面，由“扑哧”声变成有震感的“扑通”声即可。

③出菇管理：同棚室栽培，阳光强时要遮阳避光。

2. 夏、秋季栽培

此季节光照时间长，气温高，是北方室外出菇的好季节。南方可采用林果地，遮阳大棚地下式或半地下式等方式进行降温栽培。

（1）播种培菌　原料以农作物秸秆为主，辅以木屑、麸皮等混合配制，采用生、熟及发酵料进行栽培，均能获得理想效果。夏秋季节气温高,易感染杂菌,因此在生产过程中要严格无菌操作规程,同时适当加大石灰和防霉药剂用量。发菌时,加强通风管理,尽量降低温度和相对湿度。采用露地畦栽时,应加厚畦面覆土,避免高温烧菌。利用高温季节培养发菌,菌丝生长快,操作简便。但要注意防止杂菌污染。

(2)出菇方式及管理　夏秋季节出菇,可根据当地气候特点和生产条件,选择以下适宜的出菇方式。

①大棚出菇:将发菌成熟的菌袋或菌块,采用墙式、床架式或平地摆放等方式让其出菇。棚上要加青草等杂物遮阳,保持环境卫生、空气湿润、通风换气。气温高时,加密棚上遮阳物,同时掀起棚周塑膜通风。若遇低温、干旱,要放下棚周塑膜保温保湿。此为半封闭式出菇管理,菇体干净,虫害少,商品率高。

②阳畦低棚出菇:在畦面上搭建东高西低或北高南低的棚架,两边各超过畦面宽20厘米,高低比为50:40厘米。用草帘、树枝、青草等遮阳。出菇时,保持草帘和周围环境湿润。天旱风大时要覆膜保湿。若遇连阴雨天,要盖膜防水。低棚便于管理。通风保温好,菇形美,品质好,但要注意防急风暴雨,以免泥沙溅起污染菇体。

③林果菜兼作出菇:林果菜园中可自然遮阳,能节省大量开支,且空气好,湿度大,有利出菇。出菇方式:将发好菌的菌袋、菌块等打开袋口或脱袋后摆放在林果菜园中已整好的畦床上,让其自然出菇。

此方法管理粗放,产品如野生,商品价值高。但要注意防治虫害和及时覆膜防雨。

3. 冬季栽培

冬季上市的金顶蘑,为菇市稀物,商品价值高,可获得较高经济效益。冬季气温低,病虫害少,不易感染杂菌。但在北方地区发菌和出菇,均需增温设施才能进行生产。南方则可利用日光大棚进行栽培。

(1)培养发菌　北方地区冬季冰天雪地,空气中杂菌基数少,是扩繁母种,生产菌袋、菌块的大好季节。此时可进行菌种生产和播种培菌。

待来年早春季节进行栽培和出菇管理,可提早出菇以获取较高经济效益。但应注意的是:发菌时,菌袋的摆放密度应根据气温的高低进行稀密调控,温度低时,菌袋可适当紧密叠放以利增加料温,促进菌丝生长;温度高时要适当松散排放,防止高温烧菌,要适当通风换气。

(2)出菇管理　冬季出菇可利用秋季培养发菌成熟的菌袋或菌块,在气温条件合适(20℃左右)的棚室内,采用床架式或墙式出菇。北方冬季温室出菇要人工增温增湿。同时尽量利用日光增加光照和适当通风换气。南方可利用大棚排袋出菇,以采用阳光和保温物来调剂棚内温度。还可选用温室、半地下防空洞等温、湿条件较好的方式进行出菇。

4. 采收及采后管理

不论何种栽培方式,金顶蘑现原基后,在正常情况下 7 ~ 10 天即可成熟。当子实体菌盖边缘呈波浪状,并有少量孢子弹射时即可采收。采收前 1 天要停止喷水。采收时,一手按住料面,另一手将子实体拧动一下拔起;或用小刀将子实体于菌柄基部切下。

采收后,停止喷水 2 ~ 3 天,并要除去料面菇根等杂物,防止腐烂后引起杂菌感染。铺料地栽的要松动老化菌丝,再轻轻压平料面,覆膜养菌。若料内失水过多,可打洞注水补水,或喷雾补水并结合补水追施营养液,以提高后期产量。待原基出现时,再按常规进行下潮菇的出菇管理。管理得当,金顶蘑可先后采菇 4 ~ 6 潮,生物学效率可达 100% 以上。

(十)金顶黄栽培法

据报道,金顶黄是金顶蘑的一个新菌株,具有色深、浓香、形美、抗病性强、高产等特性,明显优于其他传统品种。其形态特征、生活习性及栽培方法如下。

1. 形态特征

该菌株菌丝生长粗壮,爬壁力强,气生菌丝旺盛,移植后菌丝 24 小时内萌动明显。在正常情况下,母种 7 天左右长满斜面,原种 25 天左右长满瓶,三级种 20 天左右满袋,播种 15 天左右菌丝长满袋。出菇不需变温刺激,菇体簇生,菇盖金黄色,有浓厚的特殊菇香,朵形美,箱筐或畦床栽培单朵重可达2千克以上。

2. 生长条件

(1)营养、培养料　可采用榆木段、杂木屑(针叶含量不超5%)、玉米芯、棉籽壳、豆秸、稻草、野草等为栽培主料,适当添加20%左右的麦麸、玉米面、细稻糠及少量的黄豆面,再加1.5%~2%石灰粉调pH值,加1%石膏粉作缓冲剂。

(2)温度　菌丝生长温度在10℃~30℃,不论是菌丝还是子实体的生长适温范围均比传统的金顶蘑菌株广。

(3)温度　培养料含水量,木段栽以40%左右、代料栽以60%~65%为宜。子实体发育期,要求空气湿度在80%~90%。实践证明,该菌株能在空气湿度75%左右的环境中现蕾,同时能在菌柱含水量50%情况下正常生长。子实体生长过程中,只要保持空气湿度80%左右,不浇水也可正常生长。

(4)空气　该菌株菌丝生长需适当透气,子实体生长需适当通风,二氧化碳超标时,菇柄长,盖小,质脆。

(5)光照　菌丝培养阶段不需光照,子实体生长过程中光线可增加菇的颜色,美化菇体形状,提高其商品价值。

(6)pH值　适宜中性偏酸性环境,pH值范围为5.5~7.5。配料时用石灰粉调pH值8.5左右,通过灭菌发酵后和培养过程中pH值下降,即可达到该菌株生长的最佳pH值。

(7)抗杂性　根据菌种生产和大面积栽培证明,菌丝抗性强,在生产过程中即使有破袋现象,只需及时将破损处靠紧邻袋,就不会有霉菌发生,如果在破损处附些菌种,菌丝会生长得更快。

3. 栽培技术要点

(1)培养基透气性的好坏,是该菌株栽培成败的关键。实践证明,用过细的木屑为主料,需添加适量的碎玉米芯、豆秸或棉籽壳等,以增加其透气性为好。在菌丝培养过程中,如发现菌丝停止生长,说明内部缺氧,可扎孔增氧进行补救。

(2)采用塑料袋生产金顶黄菌株三级种时,除正常开塞接种外,同时再将底部扎孔接种,用医用胶布封口,培养时间可比常规培养提前5天左右。

(3)严冬季节室内栽培金顶蘑时,要考虑栽培菇房通风条件,菌块(袋)的摆放不能过密,室内要能照进花花阳光。

(4)不论是用熟料、半熟料、发酵料或生料等栽培,只需在常规配方中加入0.1%~0.15%的克霉灵或多菌灵,抗霉菌污染可达100%。

(5)子实体生长过程中,旱风能使菇体萎缩,因此旱天风大时露地栽培需盖塑料膜;重水浇淋、湿度过大,易造成菇盖上翻,菇质变脆,因此露地栽培遇雨天需盖塑料膜。

4. 采收

同常规品种。

九、病虫害防治

金顶蘑在栽培过程中,易受杂菌污染和害虫的危害,如不及时防治,会造成减产减收。

(一)主要杂菌及其防治

危害金顶蘑的主要杂菌有青霉属的黄绿青霉、淡紫青霉,木霉属的绿色木霉、康氏木霉,曲霉属的烟曲霉、黄曲霉、黑曲霉等。其防治措施如下。

(1)选用新鲜、干燥、无霉变的原辅材料,以减少杂菌危害基数。

(2)发菌和出菇期间调控好温、湿度,加强通风换气,创造不利于杂菌生长的环境,以控制或减少杂菌感染的概率。

(3)若培养料表面局部污染青霉、木霉、曲霉,可用1:200倍的克霉灵水溶液涂抹或喷洒染菌部位;入侵培养料内部的,应将污染部位的培养料挖掉,再撒些石灰粉,防止蔓延。

(二)主要害虫及防治

危害金顶蘑的主要虫害有螨类、跳虫、菇蚊、菌蛆等(见图2-8)。其防治措施如下。

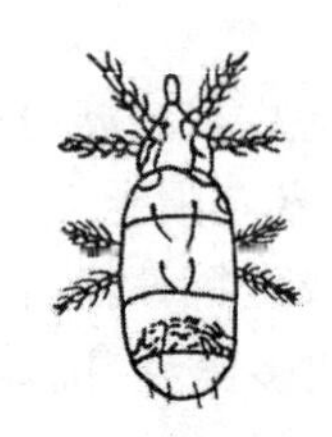
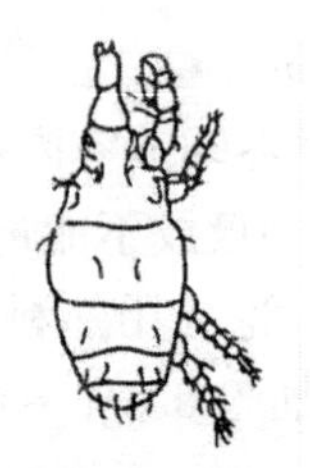

（1）兰氏布伦螨　（2）害长头螨　（3）木耳卢西螨

螨虫

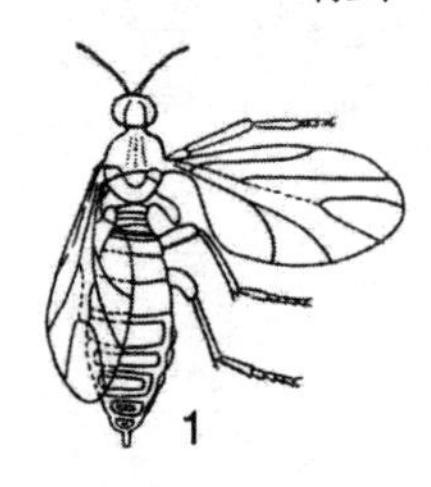

1. 成虫　2. 蛹

菇蚊

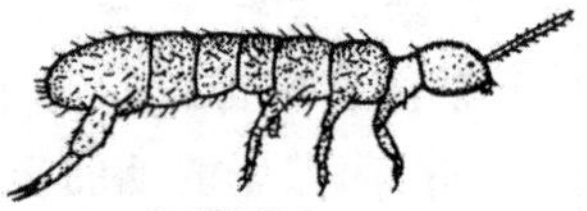

短脚跳虫

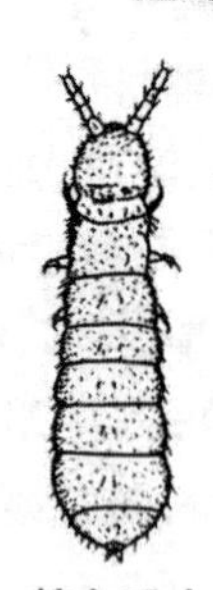
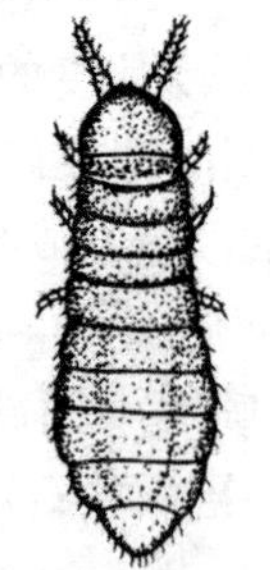

棘白跳虫　　黑扁跳虫

跳虫

图2－8　危害金顶菇的主要害虫

（1）采取预防为主、综合防治的措施，选好栽培场所。栽培场所应远离鸡舍、饲料库等虫源较多的地方，可减少虫害发生。

（2）菌丝生长时发生跳虫为害，可用0.2%的乐果溶液喷洒防治；在出菇期发生跳虫，可用0.1%鱼藤精或200倍除虫菊药液喷杀。若在菌丝生长阶段发生菌蛆，则可用敌敌畏800倍液喷于旧报纸上，将报纸覆盖在发虫部位或整个培养料上，24小时后揭掉报纸，可收到很好的杀蛆效果而不污染料面。

（3）培养料内发生螨类危害时，可用烟梗和柳叶按2∶5的比例，加水20倍熬成混合液喷杀。

（4）菌蛆成虫有趋光性，可于夜间在菇棚或菇房内利用灯光诱杀。

第三章 红侧耳

一、概述

红侧耳是子实体颜色较红的一类侧耳属菇类,如红侧耳、桃红平菇、水红侧耳、玫红褶侧耳、粉红褶侧耳等,在真菌分类上属担子菌亚门层菌纲伞菌目侧耳科侧耳属。

红侧耳是热带、泛热带(从热带到亚热带)地区一种色泽艳丽(红色、水红色、粉红色)的高温型食用菌,该类菇由于菇色彩艳丽,瓶栽时具有较高的观赏价值,可作为盆景放于厅室或案头进行观赏和美化环境。主产印度、菲律宾、新加坡和泰国。

红侧耳在我国曾于20世纪80年代,由福建三明真菌研究所、广西植物研究所先后采集野生菌株进行驯化栽培。近年来,广西、四川、湖北等地从国外引种,有少量栽培。

目前我国引种栽培的主要为红侧耳和桃红平菇。

红侧耳营养丰富,据测定,每100克鲜菇含粗脂肪3.2克,总糖66.7克,还原糖9.6克,灰分8.4克。此外,氨基酸、矿物质、维生素含量也很丰富。桃红平菇子实体幼嫩时,味道鲜,具蟹味,风味独特。老后菌柄及周围组织纤维化,不适合鲜食,但经油炸后有蟹香味,可制作风味食品,也是具有保健价值的纤维食品。可贵的是它们在炎热的盛夏出菇,可填补高温季节菇市鲜菇奇缺的空当,而且可用生料或半熟料(即发酵料)栽培。高温下14天出菇,生产周期短,经济效益高,因此具有极好的开发前景,很适合海南、广东、广西等地栽培。

二、形态特征

红侧耳属担子菌亚门层菌纲伞菌目侧耳科侧耳属。红侧耳子实体单生或叠生。菌盖幼时勺形或贝壳形，边缘内卷，后逐渐开展呈扇形，直径3～8厘米，边缘外卷，波状。菌柄侧生，短细。菌褶幼时特别红，后逐渐褪为水红色、奶油色至灰褐色，密集，很狭。孢子椭圆形，光滑，(6～10)微米×(4～5)微米，与菌褶同色。有锁状联合。有缘囊体，无侧囊体。

桃红平菇菌盖宽3～14厘米，初期扁半球或扇形，边缘内卷，后平展，贝壳形至扇形，盖缘常呈波状，表面有细绒毛或近光滑，桃红色、水红色、萨门红色至麦秆色，老后近白色。菌肉较薄，白色至淡红色。菌褶延生，稍密，狭窄，不等长，桃红色。菌柄侧生、短或近无柄，长1～2厘米，被白色绒毛。孢子近圆柱形，无色；孢子印带粉红色。(见图3－1)

图3－1　桃红平菇

三、生长条件

1. 营养

红侧耳是一种木腐菌，对营养的要求和一般平菇没有区别，凡是栽培平菇的培养料,均可用于栽培红侧耳,尤以稻、麦草为佳。

2. 温度

红侧耳属于典型的高温型菇类。整个生育期均处于高温季节,菌丝生长的温度范围为18℃~34℃,有的菌株为22℃~40℃,最适温度为26℃~28℃(有的菌株为29℃~38℃);菇蕾分化温度18℃~25℃,子实体发育温度为23℃~40℃,最适28℃~38℃,35℃时生长最快。红侧耳属恒温结实型,出菇时不需温差刺激。

3. 水分

红侧耳野生时,在热带地区多发生于雨季,在亚热带地区多发生于梅雨季节,因此形成了需水较多的习性。人工栽培时,培养料含水量以65%~70%为宜;子实体生长期,要求相对湿度达85%~95%。

4. 光线

菌丝生长不需光线。菇蕾分化和子实体生长需要750~1500勒克斯强度的光线。在黑暗条件下不形成原基,子实体色泽随光照强弱发生变化,由桃红变为粉红、淡红,至白色。

5. 空气

菌丝和子实体生长均需新鲜空气,因此,菇房每小时要通风换气3~5次。

6. pH值

以7.5~8.5为宜,其中pH值6~7时菌丝生长最快,菌丝粗壮、洁白、浓密,长势强。

四、菌种制作

1. 母种的制作

与常规平菇母种的制作方法相同,只是要引种红侧耳斜面菌种。

2. 原种和栽培种的制作

与平菇原种和栽培种制作相同。

五、栽培技术

(一)红侧耳栽培法

1. 栽培料配方

红侧耳可用多种农作物下脚料做原料,但以棉籽壳产量最高,其次为稻草、油菜籽壳渣等,可选用以下配方。

(1)棉籽壳100%,另加石灰粉2%,多菌灵2%,水130~140千克。

(2)甘蔗100千克,米糠8千克,稻草3千克,碳酸钙2千克,水适量。(此为巴西配方)

(3)小麦秆100千克,棉籽粉62千克,水适量。(此为泰国配方)

2. 培养料堆制发酵(以棉籽壳为例)

将棉籽壳、石灰粉、多菌灵一起拌匀后,对水65千克掺匀,使棉籽壳含水量达到65%左右(手握指缝有渗出水珠)。配好料后堆积发酵灭菌,当料堆中心温度达到70℃以上时维持1~2天后翻堆,待中心温度再次达到70℃以上并开始下降时即可撒开散热播种。

3. 栽培方式

(1)袋栽法　选用(25~30)厘米×50厘米塑料袋,先将一头袋口扎紧,放入少量菌种,装入袋并适当压紧,每12厘米左右厚加一层菌种(共放2层),装至快满袋时在料面上再放少量菌种,然后扎紧袋口。置培养室发菌。

(2)床栽法　铺料厚10~15厘米,采用层播法播2层菌种,播种后盖膜发菌。当菌丝长满全床,料面局部出现红色斑点时,喷一次0.2%的尿素液,并将薄膜用棍支起通风。当红色幼菇布满床、菌盖有伍分硬币大时,进行一次间采,去小留大,留菇间隔10厘米左右。间采后第二天重喷一次0.2%的尿素液,保持床内有较高的湿度,以利子实体生长。

(3)箱栽法　可用木板钉成各种规格型号的木箱,把配好的料装箱接种,箱底稍放点菌种,铺料 10 厘米左右放入一层菌种,装至距箱口 2 厘米时在上面再稍放点菌种,然后压紧料面,放入菇房按常规要求发菌出菇。

4. 采收与加工

当菇体由红变淡红时应及时采收。鲜菇采后要及时出售,售不完的可晒干,用塑料袋装藏待销。

5. 采后管理

头茬菇每 100 千克料可采鲜菇 80 ~ 90 千克,一般可收 3 ~ 4 茬,一个生产周期约 50 天。每茬菇采后及时将床(袋、箱)面整理好,把料面老菌丝挖掉,重新盖上薄膜。采收后停止喷水 5 ~ 7 天,过 7 ~ 10 天可出第二茬菇。生物学效率达 120% 以上。

(二)桃红平菇栽培法

1. 菌种制作

母种和原种及栽培种制作方法与常规平菇相似,只是母种要引进桃红侧耳斜面菌种。

2. 原料配方及配制

选干燥无霉变的棉籽壳,按每百千克料加 25% 的多菌灵 200 克,石灰粉 2 千克,石膏粉 1.5 千克,蔗糖 1 千克,尿素 300 克,水 130 ~ 140 千克,均匀拌和(拌料前先将多菌灵、蔗糖、尿素溶于水,石灰粉、石膏粉与棉籽壳拌匀),堆制发酵一周,中途翻堆一次,待培养料发酵至棕红色,有白色放线性菌丝出现时,即可散堆降温装袋接种。

3. 装袋接种

选择 40 厘米 ×20 厘米的聚乙烯筒膜袋装料。装料前先将一根长约 40 厘米、直径 2.5 ~ 4 厘米的竹竿,从袋中间穿入,竹竿的一端与袋的一端撮合,用橡皮筋扎紧,从另一端把料装入袋内,并使竹竿立于料的中间,装料要稍紧,装至离袋口 8 ~ 10 厘米时,拔出竹竿,使之出现一个穿料而过的圆孔,在孔内填入菌种,不要压实,并在袋料的表面撒上一层菌种,将袋口撮合反捏入孔中,用消毒过的废棉絮或卫生纸将捏入处塞好。用同样的方法处理好另一端,使菌种在菌袋中呈“工”字形,有利发菌。

4. 发菌管理

装料接种后,将菌筒移至经消毒、干燥、通风良好、较暗的菇房内,按“井”字形堆放,以堆放3~5层为宜,菇房温度掌握在35℃~38℃,每天上午各通风换气一次。3天后菌丝定植并向料内生长时可用缝纫针在菌种层的料袋上扎一些微孔,每隔2天跟踪菌丝扎微孔,以加速菌丝生长。经过这样处理的菌袋9~12天可长满菌丝,最快的在接种后11天即可出菇。

5. 筑墙出菇

菌丝长满袋后,要及时脱袋筑墙出菇。其方法是:先在菇房地面用田园表层土铺一条宽与菌袋长度相等,高8~10厘米,长度视场地而定的土埂,摆上菌棒(菌筒脱袋后称菌棒),菌棒上再铺上一层厚3~4厘米的泥土,依此摆放5~6层菌棒,菌墙的顶部和两侧均用糊状泥土抹平,厚2~3厘米。

如在室外栽培,则需在墙上盖上薄膜及遮阳物。菌墙筑好后浇一次重水,以后每天向菌墙上喷雾状水2次,保持泥土湿润,3天后便可见到菇蕾形成,再过3天后便可见大量菇蕾破土而出,再过3天便可采摘头潮菇。此后继续如上管理,还可采2~3潮菇。生物效率可达90%~120%。

桃红侧耳出菇集中,生产周期短(35~40天),整个夏季可生产2~3个周期,经济效益十分可观。

第四章　几种珍稀菇菌

一、红菇

(一)简介

红菇别名红蕈、正红菇、大红菇、美丽红菇、黄孢子红菇等,隶属于担子菌纲伞菌目红菇科(《中国食用菌百科》),是一种野生名贵稀有的食药兼用真菌。红菇品种很多,全世界红菇属有 317 种,我国鉴定出的有 75 种,大多可供食用和药用。自然分布于东南部的亚热带常绿阔叶林带里,其范围包括 16 个省市自治区。以云南、广东、广西、福建、台湾居多,在东北的黑龙江、吉林、辽宁和河北、甘肃等省也有分布。在国外,日本、韩国、俄罗斯、美国等国家亦有分布。

正红菇和大红菇由于营养丰富,药用价值高,在东南亚国家及地区,深受欢迎,价格坚挺,具有广阔的市场开发前景。

(二)营养成分

据《中国食用菌百科》载,大红菇每 100 克干品中,含蛋白质 15.7 克,碳水化合物 63.3 克,热能 1323 焦耳,灰分 5.9 克,钙 23 毫克,磷 500 毫克,维生素 B_1 3.54 毫克,烟酸 42.3 毫克。

据李惠珍等(1998 年)分析,正红菇含有 28 种脂肪酸,其中不饱和脂肪酸的油酸和亚油酸分别占脂肪酸总量的 37% 和 34%;软脂肪酸占 14%,亚麻油酸占 0.41%。

另据广西农学院莫天砚、姚晓华对当地盛产的正红菇和大红菇进行分析,其营养成分和氨基酸含量丰富,结果见表 4-1、表 4-2。

表4－1　正红菇和大红菇的营养成分(每100克)

成分名称	正红菇	大红菇
粗蛋白质(%)	29.76	22.97
粗多糖(%)	4.25	4.63
铜(毫克)	64.26	67.14
钠(毫克)	97.75	98.07
铁(毫克)	109.30	120.20
锰(毫克)	6.30	12.56

表4－2　正红菇和红菇氨基酸组分(%)

氨基酸名称	正红菇	大红菇	氨基酸名称	正红菇	大红菇
天冬氨酸	1.65	1.65	异亮氨酸	3.43	4.70
苏氨酸	1.04	1.44	亮氨酸	1.87	2.43
丝氨酸	0.93	1.22	酪氨酸	0.53	0.76
谷氨酸	3.74	3.27	苯丙氨酸	0.85	1.01
甘氨酸	1.06	1.17	赖氨酸	1.22	1.25
半胱氨酸	0.25	0.20	组氨酸	0.40	0.5
缬氨酸	1.27	1.41	精氨酸	1.05	1.28
蛋氨酸	0.54	0.63	脯氨酸	0.95	1.08
			总量	22.01	26.19

(三)药用功能

据《中国常见食用菌图鉴》载:红菇中含有多种抗肿瘤的活性物质,其提取物对小白鼠肉瘤S－180和艾氏腹水癌有明显抑制作用。《中国药用真菌》记述,红菇为舒络丸和舒络散中的主要原料,具有通风、散寒、舒筋、活络的功效,可用于腰腿疼痛、手足麻木、筋络不舒等症。云南民间常将红菇用于眼目不明、泻肝经火、散热舒气,妇人气郁等症。

此外,红菇中还含有0.95%的麦角甾醇。麦角甾醇是维生素D的前体,在紫外线照射下,可转变为维生素D_2,它与人体的骨骼钙化有关,对促进儿童骨骼发育有良好作用。

(四)形态特征

红菇的品种很多,品种之间形态特征略有差异,下面介绍正红菇及大红菇的形态特征。(图4-1)

图4-1 红 菇

1. 正红菇

菌盖初半球形,后平展,中部稍下凹,直径4~12厘米,色大红带紫,中部暗紫黑色,边缘平滑。菌肉白色,近表处浅红色或浅紫红色。菌褶白色至乳黄色,干后变灰色,不等长,具横脉,直生。菌柄圆柱形,长4~10厘米,粗1.5~2.5厘米,白色或杂有白色斑,或全部为浅粉红色,内部松软。孢子近球形,有小刺,囊状体梭形;孢子印白色,干后浅乳黄色。

2. 大红菇

菌盖初扁半球形,后平展或下凹,直径4~10厘米,表面光滑,浅紫红色至暗紫红色,周边平滑,或有不明显的短条纹。菌肉白色,不厚;菌褶幼时白色,后变为浅黄色,宽型,稍稀,褶间有横隔脉。菌柄弯生至直生,圆柱形,长3.5~10厘米,粗0.7~1.5厘米,白色,部分肉色,光滑,内部松软。孢子浅黄色,近球形,有小刺，囊状体披针形；孢子印浅土黄色。

（五）生态环境

红菇野生时，生长发育所处的生态环境有以下特点。

1. 林型植被

红菇属外生菌根菌，它的生长发育与共生的林木有着密切的关系。主要生长在以毛榉科（壳斗科）为主的常绿阔叶林地上，其植被群落的组成为：上层乔木以米槠、格氏椿、椿树、甜槠及青冈栎属的青冈栎为优势种；中层灌木常以杜鹃花科、芸香科、木樨科、五加科等植物为主；下层为草本植物和蕨类植物，如铁芒箕等。这些树木和草本植物，不断地为地表增加枯枝落叶，增加土壤腐殖质，为红菇生长提供了部分所需营养物质，并构成了一个遮光、保温、保湿和通风透气的良好生态环境，很适合红菇生长发育。

2. 土壤性状

红菇发生地的土壤为黄土、沙壤或石灰土。地表常覆盖1～2厘米厚的落叶，土壤地面是由枯枝落叶与土壤结合形成的腐殖层，一般厚度4～5厘米；土壤微酸性，pH值4.5～6.5。发生多在坡度30°～45°的缓坡地带。土壤过于干燥的山顶或水分过多的山脚和山坳，红菇生长不良或很少发生。

3. 海拔高度

据福建永安林区调查，海拔在200～1200米均能生长红菇，以300～500米较好。在豫西大红菇分布较广，从海拔300米的浅山坡到北部1300米的中高山区，均有不同程度的分布，但多集中分布于500～800米的中山区。在发生地的阴坡阳坡、山顶山脚皆有分布。

4. 气候条件

红菇产区的河南西峡，属北亚热带季风区大陆性气候，全年平均气温在6.2℃～15℃。年均降雨量881毫米，夏、秋季占73.2%，降水集中在7—8月，7月份降水量205毫米，7—8月平均相对湿度77%。7月平均气温27.7℃，8月平均气温26.6℃。温暖多湿的夏季为大红菇的孕育创造了良好的气候条件,是大红菇的盛发期。福建三明和南平山区发生期自6月中下旬开始至9月下旬结束,其间以7月至8月下旬发生量最大。盛发期的气候特点,通常是夏、秋季阵雨之后,天晴时林内气温为26℃~28℃,地温25.5℃~26.5℃,土壤含水量20.5%~23%,空气相对湿度90%。在此种气候条件下,红菇菇蕾发育最快最好。

以上生态环境为人工栽培时提供了重要依据。

(六)菌种制作

1. 母种制作

(1)培养基配方

①马铃薯250克(水煮液800毫升),红菇产地腐殖土300克(加水400毫升,煮沸20分钟,冷却取澄清液200毫升),白糖25克,维生素B_1 10毫克,琼脂23克。

②鲜松针100克(水煮过滤),麦芽汁(即84毫升水+16克蔗糖)100毫升,磷酸二氢钾0.2%,硫酸镁0.15%,葡萄糖2%,维生素B_1 10毫克,琼脂2%,补水至1000毫升,pH值5~5.5。

(2)配制方法　以上任取一方,按常规装瓶、灭菌,制成斜面培养基备用。

(3)母种分离　采用组织分离法进行分离培养,其具体要求如下。

①菇体消毒:取红菇柄做分离材料,将其放入0.1%升汞溶液中浸泡1~2分钟,取出用无菌水冲洗2~3次,用无菌纱布擦干备用。

②切取种块:将经过消毒的种菇及分离用的器皿放入接种箱中;取玻璃器皿,放入3~5克高锰酸钾,倒入8~10毫升甲醛熏蒸30分钟后进行操作,用手术刀把种菇菌柄纵剖为两半,在菌柄正中用刀切成3毫米见方的组织块,用接种针挑取组织块,迅速放入试管斜面培养基中,立即塞好棉塞。

③接种培养:将接入组织块的试管,置于24℃的恒温下培养,3天后菌丝开始萌发,10天后通过筛选,挑出发菌快、生长健壮的

试管继续培养，淘汰染有杂菌和长势弱的试管，经 20 ~ 25 天培养，菌丝长满试管，即为提纯红菇母种。

2. 原种和栽培种制作

(1)培养基配方

①青冈栎木屑 75%，麦麸 20%，玉米粉 2.5%，蔗糖 1%，石膏粉 1.2%，硫酸镁 0.1%，磷酸二氢钾 0.2%，料水比1∶1.2，pH 值 6。

②杂木屑 75%，麦麸 17%，黄豆粉 5%，蔗糖 1%，碳酸钙 1%，石灰粉 1%。

③杂木屑 37%，棉籽壳 36%，麦麸 15%，玉米粉 10%，蔗糖 1%，石膏粉 1%。

④木屑 70%，麦麸 25%，蔗糖 3%，石膏粉 1.5%，硫酸镁 0.5%。

⑤棉籽壳 70%，杂木屑 15%，麦麸 13%，石灰粉 2%。

⑥棉籽壳 63%，杂木屑 20%，麦麸 15%，石灰粉 2%。

⑦棉籽壳 50%，木屑 20%，麦麸 15%，玉米粉 15%；另加菜籽饼粉(或棉籽壳粉)3%，石膏粉 1%，蔗糖 0.5%，磷酸二氢钾 0.4%，硫酸镁 0.1%。

⑧木屑 54%，玉米粉 25%，麦麸 15%，石膏粉 1%，磷酸二氢钾 0.4%，菜籽饼粉或其他籽饼粉 4%，硫酸镁 0.2%，蔗糖 0.4%。

⑨小麦(大麦、燕麦)40%，木屑 30%，玉米粉 16%，麦麸 8%，石膏粉 1%，菜籽饼粉 4%，磷酸二氢钾 0.4%，硫酸镁 0.2%，蔗糖 0.4%。

⑩玉米粉培养基：玉米粒 80%，杂木屑 15%，石膏粉 1%，麦麸 4%。

(2)配制方法　按比例称取木屑和棉籽壳、麦麸、蔗糖、石膏粉。先把蔗糖溶于水，其余干料混合拌匀后，加入糖水反复拌匀。棉籽壳料拌妥后，须整理成小堆，待水分透入原料后，再与其他辅料混合拌匀。检测含水量，一般掌握在 60%，pH 值为 6.5。灭菌温度根据原料基质，木屑培养基灭菌 0.147 兆帕压力保持 2 小时；

棉籽壳培养基高压灭菌,保持 2.5~3 小时。棉籽壳含有棉酚,有碍红菇菌丝生长,因此在高压灭菌时采取 3 次间歇式放气法排除棉酚。

(3)接种培养

①原种接种培养:原种是由母种接入,每支母种可扩接原种 4~6 瓶。原种培养室要求清洁、干燥和凉爽。接种后 10 天内,室内温度保持在23℃~26℃。由于菌丝呼吸也放热,当室温达到 25℃,瓶内菌温可达到 30℃左右,所以室温不宜超过 27℃。如果室温过高,则菌丝生长差,影响菌种质量。相对湿度以 70% 以下为好。原种培养室的窗户,要用黑布遮光,以免菌丝受光照刺激,原基早现,或基内水分蒸发,影响菌丝生长。当菌丝长到培养基的 1/3 时,随着菌丝呼吸作用的日益加强,瓶内料温也不断升高。此时室温要比开始培育时降低 2℃~3℃,并保持室内空气新鲜。20 天之后室温恢复至 25℃。

②栽培种接种培养:待料温降至 28℃以下时,在无菌条件下接入红菇原种。每瓶原种可接栽培种 40~50 袋。接种后菌袋摆放于室内架床上,培养架 6~7 层,层距 33 厘米,菌袋采取每 3 袋重叠摆列,每列菌袋间留 10 厘米通风路。每平方米架床可排放 180 袋。菌种培养温度控制在 25℃条件下,培养 35~38 天,菌丝走至离袋 1~2 厘米时,正适龄,生命力强,即可用于栽培红菇。

(七)栽培技术

红菇可分野外仿生态栽培、袋料覆土栽培和发酵料床栽培,现分述如下。

1. 野外仿生态栽培法

据福建省农业科学院陈宇航(2005)报道,红菇野外仿生态栽培,是他开展人工驯化栽培的一次实践。其做法如下。

(1)接种材料　用短柄红菇菌丝纯培养或子实体碎片,接种于灭菌土壤上培养。红菇纯培养接种的菌根率达 70%,用短柄红菇子实体碎片接种培养的菌根率为 41.3%。菌丝纯培养的接种菌根率明显高于子实体碎片。采用纯培养进行正红菇菌丝接种,细根菌根率可达67%。

（2）接种方法　林木菌根红菇的接种分为两大类。

（3）接种时间　根据红菇菌丝的生物学特性，菌丝生长的适宜温度为30℃±1℃，适宜土壤湿度60%±10%。从红菇的物候期看，出菇也是该菌自然扩散和繁衍的时期，此时林区土壤表层湿度为27.8℃～31.5℃，平均为28.9℃，土壤湿度也在60%～90%，均说明红菇的接种时间，应以自然界正红菇生育时期为最佳。从菇林细根共生率的观察可以看到4—9月是一年中林木细根菌根共生率最高阶段，土表温度基本上适宜接种，唯需接种前后有场透雨，使林区土壤的湿度适宜，以利于菌丝生长和乔木细根生长。

（4）接种地点　从分布区域上看，红菇在我国的广东、广西、福建、江西、浙江、四川等省区，以及瑞典、芬兰、德国等国均有发生，适宜区域是亚热带地区。

从生长红菇的山林多点观察，红菇一般出现在壳斗科林的林地，海拔200～1200米均有发生，阴坡的红菇可能多些，但红菇位及红菇采集量的多寡与海拔、坡度及坡向都没有直接关系。红菇位的林木乔木层郁闭度0.8以上，草本植物稀少，土壤为pH值4.5～7.0的弱酸性红壤，腐殖层一般在2厘米以上。

但进一步的观察可以发现，并非符合上述条件的壳斗科林都可采到红菇，常常在同样生态条件下，红菇位的周边林地就是见不到红菇，包括采用客土、撒播红菇孢子都无法令其出现红菇。从菇位的大小看，有的红菇位绵延连续达几十平方米，有的菇位不足1平方米，10年左右都不扩展。可见壳斗科林地是否能长出红菇子实体还受到其他的因素影响。

（5）菇林管理　建立起红菇林不容易，但菇林的管理也并不简单。林木的砍伐毋庸置疑是不利的，因为一旦红菇共生的寄主树体被砍伐，尽管这棵树的根部还能存活，还会萌出新的小树，但至少要再过20年才能采到正红菇。此外，施用尿素钙、钙镁磷复合肥、硝酸铵及磷肥、农药都对菌根菌有负面影响。因此，红菇林的人工管理要十分小心。在红菇林实施菌根多样性技术,正红菇的产量提高了1倍以上,其技术关键是要保护森林处于尽可能少的人为干扰状态,并接种适宜的菌根菌。该技术使森林生态内的细根生物量迅速达顶级状态,从而促进正红菇产量增加,目前试验正在进一步完善之中。

2. 袋料覆土栽培法

(1)栽培季节　红菇属于中温偏高温型的菌类,野生多出现在夏季。其菌丝在20℃～25℃均可生长,最佳出菇温度在23℃～28℃。人工栽培季节为春季接种,夏季出菇。通常在5月接种,菌丝培养45～50天,6月下旬至7月进入长菇期。红菇菌种生产应按栽培接种期提前80天进行原种和栽培种制作。

(2)原料选择　红菇属于草腐土生菌类,主要以畜粪、杂草有机质作为主要营养进行繁衍。野生红菇子实体发生于林中潮湿、富含有机质的肥沃土壤上,基质均为腐烂秸秆、杂草、树叶及畜粪。根据其生长发育所需条件,栽培原料应为富含纤维素的农作物秸秆,此外棉籽壳等也均可。

(3)培养基配方　红菇对养分要求比较丰富,应采取合理配方组成培养基,才能满足其生长发育需要。下面介绍两种配方供选用。

配方1:棉籽壳86%,麦麸8.5%,石灰2%,碳酸钙1%,过磷酸钙2%,尿素0.5%。

配方2:适生树木屑68%,棉籽壳19%,麦麸10%,过磷酸钙1%,碳酸钙2%。

料水比例为1:1.3,含水量60%,pH值5.8～6.5,适生树以青冈、槠、栎为主。栽培袋采用17厘米×(33～35)厘米聚丙烯或低压聚乙烯薄膜袋。培养料装袋、灭菌、冷却按常规操作。

(4)接种培养　待料袋温度降至28℃以下时,在无菌条件下将红菇菌种接入袋内的培养基上,并用棉塞封口。每瓶菌种可接25～30袋。接种后移入23℃～25℃室内发菌培养,空气相对湿度在70%以下,保持空气流通,防止二氧化碳浓度剧增。发菌培养通常30天左右,待菌丝发满袋后,将菌袋搬到野外遮阳棚内脱袋,采取卧式排放于事先经过消毒处理的棚内畦床上,并覆盖腐殖土3~5厘米。畦床四周泥土封盖,让菌筒在畦床内继续发菌培养。

(5)出菇管理 当菌袋进入畦床排场后,在管理上应保持覆土湿润。覆土后一般20天左右即可出菇。温度掌握在23℃~26℃。

3. 发酵料菌床栽培法

(1)培养料配方

配方1:棉籽壳90%,麦麸5%,石灰2%,过磷酸钙1.5%,碳酸钙1%,尿素0.5%。

配方2:芦苇50%,杂木屑16%,棉籽壳30%,石灰1.5%,过磷酸钙2%,硫酸镁0.5%。

(2)堆制发酵 堆制发酵时,先将培养料混合拌匀,集中成堆发酵处理。料堆高0.85米、宽1米,长度视现场而定,堆料后盖膜保温,发酵时间5~7天。料温达到65℃时开始翻堆,发酵期翻堆2~3次。

(3)场地选择 作为发酵料菌床栽培的菇场,应选野外依山傍水,土壤肥沃,向阳背风的场地。畦床宽1.3米左右,床面整成龟背形,四周开好排水沟,上搭遮阳棚保持"三分阳、七分阴"的光照度。

(4)铺料播种 将发酵料铺于畦床上,料厚15~18厘米,分3层播种,畦面先铺一层料,播上菌种,继续铺一层料,播一层种,然后再盖一层料,形成3层料2层种。一般每平方米用干料10千克,菌种量占料量的10%,播种后整平料面,稍加压实。然后在畦床上方加罩塑料膜防雨棚。待菌丝吃料2/3时,覆土3~5厘米。但注意通风,保持畦床空气新鲜,有利于菌丝发育。

(5)出菇管理 野生红菇长菇期正值炎夏高温季节,多生长密林之下,地表温度比空间低3℃~5℃,为此,人工栽培遇到炎夏高温时,应采取喷水降低空气温度,畦沟蓄水调低地温,加厚棚顶遮盖物,抵制外界热源,人为创造适宜长菇的环境。出菇阶段如果发现杂菌污染,应及时挖掉受害部位,并撒上石灰粉,1~2天后再覆盖新土;并加强通风,保持空气新鲜。

(八)采收与加工

1. 合理采收

红菇子实体成熟度达到六七成就可开采。合理采收对红菇商品价值影响较大。据西峡县调查,六成熟未开伞红菇市场收购价与完全成熟价格相差4倍。一般过熟的开伞菇或已出现腐烂迹象的,内部绝大多数已虫蛀生蛆,失去商品价值,不要采收,宜留林地作为繁衍种源,有利于翌年长菇。

2. 加工干制

目前红菇产区群众多喜欢按传统方式晒干。由于红菇营养丰富,又是野生土生菌,且又发生在高温暑期,腐烂和虫蛀成为影响其商品价值的最大限制因素。一般要日晒2~3天,相对成熟度高的红菇,在晒制过程中内部已开始被虫蛀。阴雨天采收的,第二天内部就开始生蛆,在产品收购中被淘汰。因此,红菇采收后要立即采用脱水烘干机械干制,提高产品质量和经济效益。

二、阿魏蘑

(一)概述

阿魏蘑又名阿魏菇,属于担子菌亚门层菌纲伞菌目侧耳科侧耳属菌类。

阿魏蘑是干旱草原上的一种珍贵菌类,野生时因常寄生或腐生在一种伞形花科药用植物阿魏上而得名;在南欧等地,常发生在与阿魏同科的植物田刺芹上,所以又名刺芹平菇。

阿魏蘑为亚热带及欧亚干旱草原地带常见的菌类,野生阿魏蘑在我国主要产于新疆的木垒、伊犁、青河、塔城、托里、阿勒泰等气候恶劣的沙漠戈壁里极少数的阿魏滩上,专一性生长在已死的阿魏植物茎上。在侧耳属中,被认为是最有市场潜力的种类。它不仅营养丰富,而且有防癌抗癌之功,因而深受国内外消费者青眯。市售价格较高，是香菇、蘑菇的3～5倍，极具开发前景。

阿魏蘑可用木屑、棉籽壳等栽培，技术简便易行，原料来源广，生产周期短，产量高，价格好，是一种非常有开发前景的珍贵食药两用菌。

(二)营养成分

阿魏蘑子实体洁白如雪，肉质细嫩、脆滑、浓香袭人，味道鲜美，风味独特。有很高的营养价值，被称为"草原上的牛肝菌"。阿魏蘑营养丰富，每100克子实体含蛋白质15.72克，粗脂肪11.06克，灰分5.63克，粗纤维3.54克。蛋白质中含有17～20种氨基酸，其中赖氨酸和精氨酸含量比其他菇类高3～4倍。更为可贵的是含有阿魏多糖，可增强人体免疫力，有防癌抗癌作用。

(三)药用功能

阿魏蘑还具有阿魏(中药)的相同药效，有消积、杀虫、镇静、消炎及防治妇科肿瘤等功效，并具有补肝、壮阳、提神、补脑等作用。

(四)形态特征

阿魏蘑的菌丝在PDA试管斜面上较侧耳属其他种更浓密洁白，菌丝较粗，锁状联合明显。子实体单生，菌盖侧生，宽5～15厘米，厚2～4厘米，扁平球状、球状，后渐平展，最后下凹，成歪漏斗状，光滑，幼时边缘内卷，表面常带浅褐色至白色，有龟裂斑条纹，菇体洁白，菌肉白色，厚实。野生阿魏蘑菌盖多龟裂，因而形成粗糙的鳞片状。菌褶延生，稍密，有的菌褶长到菌柄的中下部。初为白色，后呈淡黄色。柄长4～8厘米，粗2～5厘米，肉质，实心，中生或侧生，上粗下细，子实体单朵鲜重50～150克，最大的可达360克。孢子印白色；孢子无色，光滑；长椭圆形至椭圆形，(12～14)微米×(5～6)微米。(见图4－2)

图4-2 阿魏蘑

（五）生长条件

1. 营养

阿魏蘑是一种腐生或寄生兼具的菌类。野生常长于伞形科大型草本植物，如阿魏、刺芹、拉瑟草等的根茎上。人工栽培时，其培养料较一般侧耳窄，能在棉籽壳、木屑、甘蔗渣、稻草、麸皮、蔗糖、葡萄糖、马铃薯等培养基上生长良好。

2. 温度

阿魏蘑属中低温型菌类。菌丝在5℃～32℃均可生长，以24℃～26℃为最佳；子实体的生长发育在8℃～15℃，最适温度在15℃～20℃。低于8℃时，原基难以形成；高于25℃，原有子实体菇柄变软，培养基表面组织块亦萎缩腐烂，不再出菇。因此，出菇时以15℃～20℃为宜，生长较快，品质也较好。

3. 水分和湿度

菌丝生长要求培养料含水量达60%～70%，子实体生长发育的相对湿度以85%～95%为宜。阿魏蘑虽然较耐旱，但湿度太低，也不利菌丝生长和子实体发育。出菇时若空气湿度太低，则子实体生长速度慢，子实体小，产量低。

4. 光线

菌丝生长不需光线，在黑暗条件下菌丝生长良好。原基分化和子实体生长发育要求有一定散射光，在完全黑暗或直射光照下均不易形成子实体，或产生畸形菇，一般要求光照度在 200 ~ 500 勒克斯。

5. 空气

阿魏蘑属好气性菌类，但菌丝生长对二氧化碳有较高耐受性，菌丝可在厌氧条件下生长。据报道，以 0. 03% 的二氧化碳浓度为对照，当二氧化碳浓度达 22% 时，阿魏蘑的菌丝生长量可达最高值。子实体形成需要新鲜空气和散射光线及低温的刺激、诱导。通气不良，子实体生长缓慢，如遇高温高湿，易引起菇体腐烂、发臭。

6. pH 值

菌丝在 pH 值 5 ~ 9 均可生长，但以 6. 5 为最适。

7. 土壤

经试验，阿魏蘑覆土栽培，有明显刺激子实体原基形成的作用，且可提高产量。这可能是覆土能保湿、增肥的结果。

（六）菌种制作

1. 母种制作

（1）培养基配方

①马铃薯 200 克（去皮，煮汁，下同），葡萄糖 20 克，酵母膏 2 克，蛋白胨 3 克，磷酸二氢钾 0. 7 克，硫酸镁 0. 6 克，琼脂 20 克，水 1000 毫升。

②马铃薯 100 克，麸皮 50 克（煮汁），酵母膏 2 克，蛋白胨 1. 5 克，磷酸二氢钾 0. 7 克，硫酸镁 0. 5 克，葡萄糖 20 克，琼脂 20 克，水 1000 毫升。

以上任选一方，按常规配制成试管斜面培养基备用。

（2）接种培养

①母种的引进或分离：如引种，可选用 KH2、K5、K1、K2、L4 等菌株，KH2 是经单孢分离配对驯化选育的优良菌株，菇朵大，柄粗短，菌盖大，色白，上披绒毛。K5 柄粗长，菌盖厚，表面较光滑。

K1、K2、L4 为杂交种,菌柄粗细中等、菌盖大小也中等,质地较硬实,产量较高(上述菌株中科院新疆生物土壤沙漠研究所食用菌推广中心有售)。也可选用优良的阿魏蘑子实体作组织或孢子分离培养获得母种。其分离方法参照本书后附录的相关部分进行。

②接种培养:将引进或分离的母种转接于配制好的斜面培养基上,置25℃下培养,当菌丝长满斜面即为转代母种。

2. 原种和栽培种的制作

(1)培养基配方

①棉籽壳 50%,木屑 40%,麸皮 10%;另加糖和石膏粉各1%,多菌灵 0.1%,料水比1∶1.8。

②棉籽壳 50%,木屑 50%;另加油渣(或麦麸)20%,多菌灵0.1%,料水比1∶1.8。

(2)配料灭菌　任选以上一方,拌匀各料装入瓶、袋,高压灭菌 2 小时,或常压灭菌 10～12 小时,冷却后接种。

(3)接种培养　当灭菌的瓶袋料冷却至 30℃以下时,按无菌操作接入母种或原种,置 25℃左右培养,经 30～40 天,菌丝即可长满瓶、袋,如无杂菌感染,即可用于生产。

(七)栽培技术

1. 栽培季节

以阿魏蘑出菇的适温(15℃～20℃)为依据,根据当地气候特点,来确定合适的生产季节。一般地区可安排在冬、春季节进行,即从 9 月至来年 4 月栽培。7—8 月制种,9—10 月制菌袋,11 月至来年 4 月进行栽培出菇。北方地区以秋季栽培为宜。

2. 栽培料的配制

(1)原料的选择　许多农林副产品均可用于栽培阿魏蘑,如棉籽壳、杂木屑、甘蔗渣、阿魏材屑或药渣、稻麦草及禾本科野草等均可作为栽培原料。原料要求新鲜、无霉变,使用前经日晒,草料要切成 3～5 厘米长的段或经粉碎后使用。辅料有麸皮(或米糠),红、白食糖,石膏粉,碳酸钙,过磷酸钙等。阿魏蘑以多种混合料栽培为好,营养全面,物理性状好,有利发菌和高产。

(2)培养料配方

①常见配方:棉籽壳、木屑或甘蔗渣78%,麸皮(或米糠)20%,石膏粉或碳酸钙1%,蔗糖或红糖1%,过磷酸钙、酵母片少量,料水比1:(1.3~1.5)。

②也可选用以下配方:

A. 稻草57%,木屑13%,棉籽壳10%,甘蔗渣7%,麸皮5%,玉米粉8%。

B. 棉籽壳40%,木屑(或甘蔗渣)40%,麸皮12%,玉米粉8%。

C. 甘蔗渣50%,木屑30%,麸皮12%,玉米粉8%。

以上各配方中均另加红糖、石膏粉各1%,酵母片0.025克,过磷酸钙0.25克。含水量65%~70%,pH值自然。

(3)培养料配制 按常规方法进行。

3. 栽培方式

阿魏蘑的栽培方法与常见的平菇大致相同,可采用熟料瓶栽或袋栽。现介绍以下几种栽培方式供选用。

(1)室内瓶栽法

①培养料配方:棉籽壳78%,麦麸20%,石膏粉1%,蔗糖1%,含水量65%。

②配料、装瓶、灭菌、接种:按常规进行。

③发菌培养:将接种后的料瓶放在室内25℃以下培养35~45天,菌丝可长满瓶。

④出菇管理:菌丝长满瓶后,去掉瓶口封口纸,在瓶口上盖一层旧报纸,每天向地面和空中喷水2~3次,使相对湿度保持在85%~95%,并增加光照,每天开窗通风2~4次,经15~20天后,原基分化,在15℃下继续培养10~15天即可采收。

(2)室内袋栽法

①菌袋制作:配料按常规进行。塑料袋可选用15厘米×28厘米或17厘米×32厘米规格的聚丙烯或低压聚乙烯塑料袋装料。装料、压菌、接种均按常规进行。

②培菌管理:接种后将菌袋置于干净的培养室内,码袋发菌。温度控制在25℃左右,相对湿度保持在85%～90%,适当通风换气。菌丝长满袋后,就地排袋出菇。

③出菇管理:

A. 温度调控:将菇房温度调节至12℃～15℃,有条件的可用调控器调节,温度低时,也可用电炉或其他加热器升温,大面积栽培时,还是以利用冬、春季节的自然温度栽培更为合适。

B. 湿度调控:出菇时应保持菇房相对湿度在85%～95%。每天可用喷雾器喷水3～4次,有条件的可采用电动加湿器加湿,或在菇房内悬挂湿布加湿。喷水时主要喷向地面和墙壁,尽量不要让水喷至幼菇上,以免幼菇伤水至死。

C. 光线调控:阿魏蘑出菇时要求一定散射光刺激。可给予200～500勒克斯的散射光照。可通过门窗的开关来调节光强度。地下室人防地道做菇场的,可用电灯光来满足子实体生长发育对光照的需求。

D. 空气调控:出菇时需要充足的新鲜空气,这对原基分化和子实体生长发育都十分重要。可通过门窗的开关来调节。气温偏低时,门窗开小些,偏高时开大些,以利空气对流。

E. 开袋出菇:当原基长到半个乒乓球大小时,去掉菌袋棉塞和套环,将袋口打开拉直(菌瓶要松开瓶口包扎物),以利增氧出菇。如果菌袋侧壁出现原基,要将有原基处塑料袋割开,使幼菇从菌袋侧壁长出,以防形成畸形菇。当幼菇长到2厘米以上大小时,将菌袋上部多余的塑膜剪去,以利菇体正常生长。

(3)床式袋栽法　阿魏蘑采用床式袋栽,可获得较高产量。一般瓶栽生物转化率只有60%左右,床式袋栽的生物学效率可达85%以上。现将有关栽培技术介绍如下。

①栽培季节:阿魏蘑出菇适温在8℃～25℃,以15℃～20℃生长较快,品质亦较好。适宜的栽培季节,可安排在7—8月制作母种、原种和栽培种。9—10月制作菌袋,11月至翌年4月进行出菇管理。此时气温较低,适合阿魏蘑出菇及生长发育,有利获得

高产。

②原料与配方：阿魏蘑是一种腐生或寄生兼具的菌类，野生时常生长在大型草本植物阿魏的根茎上。人工栽培时常用的培养基有棉籽壳、木屑、甘蔗渣、稻草、麸皮、蔗糖、葡萄糖、酵母膏、马铃薯、磷酸二氢钾、硫酸镁、石膏等。栽培料配方可选用棉籽壳（或木屑、甘蔗渣）78%，麸皮20%，石膏和红糖各1%，过磷酸钙适量，料水比1∶(1.3～1.5)，pH值自然。

③拌料装袋：按配方称取培养料，含水量控制在65%，拌匀后即可装袋。塑料袋可选用17厘米×32厘米规格的，也可选用15厘米×17厘米较小的聚丙烯袋装料。虽然较长的塑料袋装料较多，养分充足，有利高产，但因阿魏蘑只出一潮菇，袋子过大，养分难以耗尽，会浪费部分原料。用较小的袋子装料，可节省原料，并可缩短发菌及生产周期，经济效益较高。装料时，用直径1厘米左右的圆柱形竹木，在袋料中心打一个播种洞至袋底，以利接种后菌丝快速萌发生长，可缩短发菌期，提早出菇。打洞后套上套环加棉塞，即可进行灭菌。

④灭菌与接种：灭菌可采用常压灭菌法，即在常压下100℃灭菌10～12小时，然后自然冷却至45℃后搬入接种室，待袋料温度降至25℃左右时，按无菌操作常规接种。接种后移入培养室，在25℃下培养发菌。

⑤出菇管理主要抓好以下工作：

A. 开袋增氧出菇：当菌袋发满菌、有原基出现时，即应打开袋口，拔去棉塞；待原基长到2厘米左右时，剪去菌袋上部多余的袋膜，让子实体能得到充足的氧气而迅速生长。若原基在袋的侧壁出现，可用小刀划破袋侧膜（注意不要伤害原基），让子实体长出。

B. 排袋或上架出菇：当菌袋出现原基后，可就地排袋或将菌袋开袋后放于床架上出菇。就地排袋可竖立也可平卧于菇房或菇棚内的地面上。竖立时可“人”字形摆放，每条“人”字袋间距7～10厘米，每5条留35厘米的人行道一条，以便管理和采菇。

平卧时,可码3~5层袋,袋口两头均打开,让其两头出菇。袋间距和人行道的宽度同“人”字形。上架出菇时,先要对菇房、床架用甲醛溶液熏蒸消毒。然后将出现原基、打开袋口两头的菌袋摆放在床架上出菇。摆放菌袋,最好根据出现原基的部位(袋口现原基的竖放,袋壁现原基的卧放,原基面向上)和子实体大小一致的摆放在一起,以便管理。

C. 控制好温度:温度低于8℃时,原基难以形成,温度高于25℃时,原有的子实体菇柄变软,培养基表面的组织块亦萎缩腐烂。出菇期间,菇房温度控制在8℃~15℃为宜。

D. 调节好湿度:出菇期间,菇房的空气湿度应保持在85%~90%。天气干燥时,每天喷水3~4次,或在菇房四壁悬挂湿布加湿(室外栽培的可利用畦床四周的排水沟进行沟灌增湿)。用喷雾器加湿时,水点越小越好,以少量多次、勤喷少喷为宜。主要喷于墙壁和地上,不要喷在子实体上,否则子实体会渍水变黄,严重时会造成腐烂。

⑥空气调节:出菇期应保持菇房空气新鲜,可通过开关门窗进行调节。气温偏低时,门窗开小些;气温偏高时,门窗开大些,使菇房内有充足的氧气,以促进子实体快速生长。

⑦光线调控:出菇时,菇房要求有200~500勒克斯的散射光照。可通过开关门窗来调控光线强度,也可通过电灯光来满足子实体生长发育对光照的要求。实践证明,在微弱的光照下,子实体菌柄较长,菌盖较小,但不影响食用价值,相反菌柄的食用口感更硬脆可口。

(八)病虫害防治

阿魏蘑在栽培过程中因各种原因,常易发生病害。现将几种常见病症状、发生原因及防治方法介绍如下。

1. 霉菌

在发菌期常发生。

(1)症状　菌料表面出现绿色霉状物,菌丝停止生长。

(2)发生原因　高温高湿,通风不良。

(3)防治方法 轻者用石灰粉覆盖,防止蔓延,重者将感染后的菌袋清除出菇房,以防扩散。并加强通风降温,可减轻危害。

2. 细菌性腐烂病

指引起阿魏蘑子实体变色、腐烂、发臭的细菌病害。

(1)症状 开始时为黄色水渍状斑点,其后腐烂,有异味。腐烂处一般无凹陷,病菌也往往不深入菌肉,这与平菇的细菌性腐烂病不一样,大概由于阿魏蘑的抗性强。发病严重时整个菌盖表面布满病斑,子实体停止生长,若不及时清除,菇体将氨化。

(2)发生原因 菇房湿度太大,通风不足;水直接喷于子实体上;用水不洁;室温过高,长时间超过24℃。病原菌通过水、工具、昆虫或人传播。

(3)防治方法 严格控制空气湿度不超过90%,保持适当通风,水不与菇体直接接触,使用清洁水;避开高温天气或采取降温措施;防止昆虫进入菇房。

3. 白瘤病

一种线虫病害。同平菇白瘤病,又称平菇小疣病、平菇褶瘤病。

(1)症状 子实体被病原线虫侵染后组织分化异常,增生为白色的瘤状组织块,质地、色泽同菌褶完全一样,扁圆形,如虫卵,中空,单生或多数粘连在一起,严重时所有菌褶都布满白色小瘤,线虫在瘤中产卵,幼虫孵化后从瘤中钻出。不影响阿魏蘑产量和风味,但损害菇体外观,使之失去商品价值。

(2)发生原因 常在春季气温回升后发生,由昆虫、螨、水及人传播。

(3)防治方法 搞好菇房卫生,及早清除病菇,防止蝇蚊进入菇房。

4. 水斑病

一种生理性病害。

(1)症状 菌盖上出现黄色水渍状斑点,通常不腐烂,有的下陷(可能由于健康组织及病变组织生长差异所致),无异味。改善环境条件后不再继续蔓延,病斑变干,愈合,虽有黄色斑点(凹坑仍在),但不影响子实体进一步生长。

(2)发生条件　菇房湿度过大,菌盖凝结水珠,通风不足,CO_2浓度太高。

(3)防治方法　加强通风,不向菇体喷水。

5. 生理性病害

(1)症状　开袋后幼菇萎缩、变黄,最后死亡。死亡后难以形成第二批子实体,即使形成,其抗逆力更弱,产量更低,并延长生产周期。

(2)发生原因　开袋后温、湿度突然变化过大,过高或过低,幼菇不能适应所致。

(3)防治方法　适当推迟开袋时间,当幼菇长至拇指头大时再开袋,并尽量避开极端高温或低温天气,如室温30℃或4℃等。

(4)类型　由非生物因子或生物因子引起阿魏蘑子实体变异性的病害(亦称生理性病害),主要有以下三种类型。

①小盖长柄:菌柄细长,菌盖小。是由于菇房气温较高又通风不良,二氧化碳浓度过高而引起的生理性病害。防治方法:气温高,代谢强度大时,抓好通风管理,通风要适度。

②龟裂:菌盖和菌柄出现裂口。影响产品外观,属生理性病害。是由于湿度低于80%,温差太大和通风过旺而引起。防治方法:保持适当空气湿度,尽量缩小菇房日夜温差,掌握合适通风量。

③菌柄肿胀:菌柄肿胀近似球形,菌盖小。可能是病毒病害。发生条件和防治方法不详。

(九)采收

阿魏蘑的采收标准为:菌盖由内卷逐渐趋于平展,开始弹射孢子时即可采收,从幼菇到采收需10天左右。由于阿魏蘑含蛋白质较高,采收过迟易发生腐烂、变臭,失去商品价值。采摘时用手握住子实体菌柄基部旋转拔下,采收的鲜菇剪去木屑等杂质和菇根,放入铺有塑料膜的筐(篮)内,即可上市销售。

三、亚侧耳

(一)概述

亚侧耳,又称元蘑、冻蘑、冬蘑、黄蘑、晚生北风菌等。属担子菌亚门层菌纲伞菌目白蘑科亚侧耳属,是我国著名野生食用菌之一。

亚侧耳主要分布在我国东北地区,以东北林区产量最多。河北、山西、广西、陕西、四川、云南等省区也有分布。常于秋末呈覆瓦状丛生在榆、椴、桦等阔叶树上。

该菌营养与药用价值均较高,具有潜在的开发价值和广阔的市场前景。

(二)营养成分

据测定,亚侧耳干品中含粗蛋白 19.5%,粗脂肪 3.8%,碳水化合物 65.6%,粗纤维 6.2%,灰分 4.9%。蛋白质中所含氨基酸齐全,总含量高于木耳和银耳,与香菇、金针菇相差无几。每 100 克干品中含抗坏血酸 1.34 毫克,硫胺素 0.13 毫克,烟酸 16.3 毫克,核黄素 7.53 毫克。含有丰富的矿物质元素,每 100 克含钾 829.3 毫克,钠 13.3 毫克,钙 27.2 毫克,镁 956 毫克,磷 596.4 毫克,铁 418.4 微克,铜 16.9 微克,锰 22.6 微克,锌 16.25 微克,钼 1.2 微克,钴 0.3 微克。

(三)药用功能

据报道,亚侧耳提取物对小白鼠肉瘤 S－180 和艾氏癌的抑制率达 70%。

(四)形态特征

子实体中等至稍大。菌盖直径 3～12 厘米,扁半球形至平展,半圆形或肾形,黄绿色,黏,有短绒毛,边缘光滑。菌肉白色,厚。菌褶稍密,白色至淡黄色,宽,近延生。菌柄侧生,很短或无。孢子印白色。孢子腊肠形,无色,光滑,(4.5～5.5)微米×(1～1.6)微米。囊状体梭形,中部膨大,(29～45)微米×(10～15)微米。

(五)生长条件

1. 营养

亚侧耳是一种木腐性菌类。野生时自然生长在已死的倒木、枯枝上,靠分解木质化组织作为营养来源。因此,亚侧耳分解木质素、纤维素、半纤维素的能力很强,能有效地利用木糖、葡萄糖和蔗糖。人工栽培时,以木屑、玉米芯等为主料,辅以适量的豆饼粉、麦麸、玉米粉、蔗糖、碳酸钙、石膏粉等,即可满足其对营养的需求。

2. 温度

亚侧耳为中温型恒温性结实菌类。菌丝生长的温度范围为10℃～30℃,以26℃～28℃为最适。原基分化形成温度范围为10℃～20℃,以15℃左右为最适。子实体发育温度范围25℃,以10℃～15℃最适。

3. 湿度

菌丝生长阶段,要求培养基含水量65%～70%,出菇期要求菇房空气相对湿度85%～95%。

4. 光照

菌丝生长不需光照,出菇期要有200勒克斯左右的散射光。

5. 空气

菌丝生长阶段对空气要求不严,每天通风换气一次即可。出菇期要有充足氧气供应。二氧化碳浓度过高易出畸形菇。

6. pH值

亚侧耳菌丝生长的适宜pH值为5.5左右。

(六)菌种制作

1. 母种制作

(1)母种来源　母种的引进或分离:初栽者最好从各省、区专业供种单位引进试管种再行扩繁。有条件者可采用亚侧耳健壮而较幼嫩的子实体通过组织分离方法进行分离培养而获得纯菌种。

(2)母种培养基

①葡萄糖20克，牛肉膏10克或蛋白胨5克，硫酸镁1克，木屑浸汁（木屑1份、冷水4份，浸泡20小时后煮沸20分钟取汁）300毫升，琼脂20克，水700毫升，pH值5.5。

②蔗糖20克，豆饼粉50克（煮汁），木屑浸汁300毫升，琼脂20克，水700毫升，pH值5.6。

③木糖20克，蛋白胨5克，木屑浸汁300毫升，磷酸二氢钾0.6克，硫酸镁0.7克，琼脂20克，pH值5.6。

以上任选一方，按常规配制成试管斜面培养基备用。

（3）扩繁母种　将引进或分离的试管种在无菌条件下转接到已配制的试管斜面上，置25℃左右适温下培养，待菌丝长满斜面（13～15天），查无杂菌感染，即为扩繁母种。

2. 原种和栽培种制作

（1）培养基配方　原种和栽培种培养基配方及配制方法相同，均可选用以下配方。

①木屑90%，麦麸10%；另加葡萄糖0.1%，碳酸钙0.05%，磷酸二氢钾0.1%，硫酸镁0.05%，料水比1:（1.1～1.3）。

②木屑78%，麦麸17%，蔗糖1%，石膏粉1%，豆饼粉1.5%，玉米粉1.5%，料水比1:（1.1～1.3）。

（2）装瓶（袋）、灭菌　任选以上配方一种（以配方①较理想）。按常规配制，装瓶（袋）、灭菌，冷却后接种。

（3）接种培养　灭菌后待料温降至30℃以下时，在接种室或接种箱中按无菌操作接入母种或原种。置25℃左右条件下培养，经15天左右，当菌丝长满瓶（袋）即为原种和栽培种，查无杂菌感染方可用于生产。如暂不用，可置4℃冰箱中保存待用。

（七）栽培技术

1. 栽培季节

亚侧耳在木屑培养基上菌丝生长较慢，一般接种后90～110天才能出菇，其出菇的最适温度为15℃左右。因此各地应根据亚侧耳的这一特点和对温度的要求，结合本地气候条件来决定适宜的栽培期。一般来说，应选定当地气温稳定在10℃～20℃的日期向前推 3～4 个月,即为播种期。菌种制作与此相应提前进行。如有调控设施,一年四季均可栽培。

2. 栽培方式

目前栽培亚侧耳的方式主要为室内瓶栽和室外大棚袋栽两种。

(1)瓶栽法

①培养料配方:培养料配方可选用以下几种。

A. 杂木屑 48%,玉米芯(粉碎)40%,麦麸 10%,蔗糖 1%,碳酸钙 1%,料水比1:(1.2～1.4)。

B. 杂木屑78%,麦麸15%,豆饼粉5%,蔗糖1%,碳酸钙1%,料水比1:(1.1～1.3)。

②配料装瓶:任选上述配方一种,按常规进行配制后装瓶,边装边适当压实,料装至瓶肩处,整平料面,用直径 1.5 厘米左右的锥形木棒在瓶中打一深至瓶底的通气和接种孔,用聚丙烯塑料膜和牛皮纸或棉塞加牛皮纸封住瓶口,上锅灭菌。

③灭菌接种:采用高压或常压蒸汽灭菌,前者在 128.1℃、151.71 千帕下灭菌 1.5～2 小时;后者在 100℃下维持 8～10 小时。自然冷却后出锅进入接种室,当菌瓶内料温降至 30℃以下时按无菌操作接入菌种,接种量为干料重的 10%左右。

④发菌培养:亚侧耳菌丝生长较慢,发菌时间较长,因此,要根据这一特点进行培菌期的管理。

A. 控制好室内温度:培菌期温度不宜太高(不能高于 30℃),但也不能过低(不得低于 10℃),否则影响菌丝正常生长。

B. 调节好光线和湿度:菌丝生长不需光线,要注意不要让培养室有较强散射光,更不要有直射光。空气相对湿度保持在 80%左右即可。

C. 预防和处理好病虫害:由于亚侧耳发菌较慢,往往易遭杂菌和害虫危害。要经常检查,一旦发现瓶口、瓶内有杂菌(绿霉、青霉等)感染,及时进行处理,轻者注射多菌灵等杀菌剂杀灭,重者剔除掩埋处理。

⑤出菇管理：亚侧耳从接种到出菇需 90 ~ 110 天。菌丝体成熟后，只要外界温度、湿度等条件合适，菌丝就扭结出现原基，此时要抓好以下管理。

A. 喷水保湿，使空气相对湿度提高到 85% 以上。

B. 松开瓶口包扎绳，并使瓶盖稍开启，以利增氧促进原基分化。

C. 去除瓶盖，当原基长到 2 厘米左右时，将瓶口覆盖物去掉，以利通气增氧和增湿，每天通风换气 2 ~ 3 次，保持温度 15℃ ~ 20℃，空气相对湿度 90% 左右，以利子实体生长发育。

⑥采收与后期管理：当亚侧耳子实体菌盖舒展，有孢子弹射时即可采收。头潮菇采收后重新用牛皮纸等包扎瓶口，若培养料失水严重，可往瓶内注入清水，3 ~ 5 小时后倾去余水让其恢复生长。待重新有原基出现时，再按上述要求进行出菇管理。一般可采 2 ~ 3 潮菇。

(2) 大棚袋栽法　亚侧耳的栽培可用袋料在大棚中进行，因为该菇不是变温结实性的菌类，出菇时特别是在室外栽培时如果温差大，不利于原基形成和子实体正常生长，采用大棚栽培，有利提高产量。其技术要点如下。

①大棚搭建及整地做畦：大棚为拱形结构，一般为 5 米 ×6 米结构（即 5 米宽、6 米长），棚膜用 8 米宽无滴膜。大棚中间顺棚方向留一条走道，宽 40 ~ 50 厘米，与过道垂直方向，建长 2 米、宽 5 厘米、高 15 厘米的畦床，畦床上铺细河沙 2 ~ 3 厘米。

②菌袋制作及接种培菌：培养料配制参照瓶栽法进行。

③排袋出菇：在畦两侧，间隔 12 厘米，各钉 2 根细长木杆，钉后木杆地上部分应保持 80 厘米高，把培养好的栽培种袋逐个排放在畦上，码 4 ~ 5 层高（为减少木杆压力，码至第 3 层时靠木杆处可以少码两袋）。

④出菇管理：温度保持在 25℃ ~28℃，最低不能低于 20℃，在 8—9 月高温季节栽培，前期不用扣膜，9 月后需扣膜保温，有菇蕾出现时，空气相对湿度应保持在 80% ~95%。8 月份气温较高，

注意必须白天揭膜通风降温,夜晚覆膜保温。

⑤采收贮存:采收前15天要打杀虫剂,因为亚侧耳一旦遭虫蛀,商品质量会大大下降,可以用1000倍的速克毙乳油进行杀虫,既没有农药残留,储藏效果也很好。采下的鲜菇既可鲜销,也可晒干后贮存直到冬季或春节前出售,价格较高,经济效益很好。

四、杏鲍菇

(一)简介

杏鲍菇又名刺芹侧耳,在台湾被称为杏仁鲍鱼菇、杏香鲍鱼菇。因其野生时主要发生于伞形花科刺芹属刺芹枯死的植株(根)上而得名。杏鲍菇属真菌门担子菌亚门层菌纲伞菌目侧耳科侧耳属。

主要分布在欧洲南部、非洲北部及中亚地区,我国新疆、青海和四川北部也有分布。

杏鲍菇主产于亚热带草原—干旱沙漠地区,该菌肉质肥厚,脆嫩可口,具有杏仁香味,是侧耳属中风味最好的种类,因寡糖含量丰富,与双歧杆菌共用,具有整肠美容的效果。

(二)形态特征

菌盖宽2~11厘米,初扁半球形,后渐平展,中部稍下凹,呈扇形、漏斗形,表面有丝状光泽,平滑,干燥,细纤维状,幼时淡灰色,成熟后浅棕色、浅黄白色,中心周围常有近放射状黑褐色细条纹,边缘初内卷,后呈波浪状。菌肉白色,具杏仁味(因此叫杏鲍菇)。菌褶延生,密,略宽,不等长,乳白色。菌柄偏生、侧生,罕见中央生,长2~8厘米,粗0.5~3厘米,棒状至球茎状,近白色,中实,肉质,细纤维状。孢子椭圆形至近纺锤形,无色;孢子印白色带紫灰色。

(三)生长条件

1. 营养

杏鲍菇是一种腐生菌和兼性寄生菌,对纤维素、半纤维素、木质素有较旺盛的分解能力,在自然条件下,对寄主选择虽然有一定范围，但可在棉籽壳、木屑、甘蔗渣、麦秸等农副产品组成的培养基质上生长。杏鲍菇生长需要较丰富的碳源和氮源，特别是氮源越丰富菌丝生长越好，产量越高。在以棉籽壳为主料的培养料中，适当添加棉籽粉、玉米粉可提高子实体产量。实践证明，以麦秸为主料栽培杏鲍菇时，添加5% ~10%的棉籽粉不但可提高产量，还可使子实体朵形增大，品质更好。

2. 温度

杏鲍菇为中温偏高类菌类。其菌丝生长的温度22℃ ~27℃，最适温度为25℃左右，高于30℃菌丝生长不良。原基形成温度范围为10℃ ~18℃，最适12℃ ~16℃，低于8℃原基难分化，高于20℃易出现畸形菇，并引起病虫害及死菇烂菇。子实体发育温度因菌株而异，一般为15℃ ~21℃，最适10℃ ~18℃，但有的菌株不耐高温，以10℃ ~17℃为宜，有的菌株较耐高温，以20℃ ~25℃为适。杏鲍菇为恒温结实性菇类，温差过大，不利原基形成和子实体生长。

3. 光线

菌丝生长阶段不需光线，在黑暗环境下会加快菌丝生长；原基分化、子实体形成和发育需要一定的散射光，适宜的光照强度是500 ~1000勒克斯。

4. 空气

杏鲍菇菌丝生长和子实体发育均需新鲜空气。但在菌丝生长阶段，瓶、袋中积累的低浓度的二氧化碳对菌丝生长有促进作用。原基形成阶段需要充足的氧气，二氧化碳浓度应控制在0.05% ~0.1%；子实体生长发育阶段，二氧化碳浓度以小于0.2%为宜。

5. 湿度（水分）

杏鲍菇由于野生时长期处于干旱少雨的沙漠地区，因而较耐干旱，但适宜的水分更有利于生长发育和提高产量。菌丝生长阶段培养料含水量以60% ~65%为宜。由于出菇时不宜对菇体喷水，菇体所需水分主要来源于培养基，所以配料时含水量可适当提高至65%～70%。子实体形成和发育阶段,要求空气相对湿度分别达95%和85%～90%。

6. pH值

菌丝生长的最适pH值是6.5～7.5,出菇时的最适pH值为5.5～6.5。

(四)菌种制作

1. 母种制作

(1)培养基配方　杏鲍菇的母种培养基可用普通PDA或PSA培养基,菌丝长满试管需8～10天。为了加快菌丝生长速度,可采用下列加富培养基。

①MGYA培养基:蛋白胨1克,麦芽糖20克,酵母2克,琼脂20克,水1000毫升。

②PDYA培养基:蛋白胨(黄豆胨)1克,葡萄糖20克,马铃薯300克,酵母2克,琼脂20克,水1000毫升。

③麦芽浸汁培养基:麦芽浸汁20克,蛋白胨5克,琼脂15克,水1000毫升。

以上配方任选一种按常规制成试管斜面培养基备用。

(2)接种培养　将引进或自己分离的纯菌种按无菌操作接入备好的试管斜面中央,塞好棉塞,置25℃下培养,经8～10天,当菌丝长满试管斜面,查无杂菌污染即为扩繁母种。

2. 原种和栽培种制作

(1)培养基配方　原种和栽培种的栽培基相同,可采用普通木屑、麸皮为培养基,其配方为:木屑73%,麸皮25%,糖1%,碳酸钙1%。也可用黑麦、小麦、高粱、玉米等谷粒制作原种和栽培种。

(2)装料、灭菌、接种、培养　均按常规进行。

(3)菌丝培养　原种和栽培种接种后,在25℃条件下培养菌丝长满瓶(袋)需30～35天。麦粒发菌较快,菌丝长满只需3周左右。当菌丝长满后,查无杂菌污染即可用于生产。

(五)栽培技术

1. 栽培季节

杏鲍菇出菇时的最适温度是10℃～15℃。温度太低或太高都难以形成子实体,而且与平菇不同,若第一批菇蕾未能正常形成,必将影响第二潮的正常出菇。因此,各地必须按照杏鲍菇出菇的最适温度要求安排好生产季节。我国南方地区以在10月下旬进行栽培为宜,北方地区可适当提前一个月左右播种为好。杏鲍菇在寒冷的冬季是难以出菇的,因此安排在秋末冬初和春末夏初出菇较为适宜。

2. 培养料配方

杏鲍菇可用棉籽壳、废棉团(纺织厂下脚料)、甘蔗渣、木屑、麦秆等,这些均是栽培杏鲍菇的主要原料。辅料可用米糠、麦麸、棉籽粉、玉米粉、石膏粉和碳酸钙等。其配方可选用以下数种。

(1)杂木屑23%,棉籽壳23%,豆秸粉28%,麦麸19%,玉米粉5%,碳酸钙1%,白糖1%。

(2)杂木屑36%,棉籽壳38%,麦麸24%,白糖1%,碳酸钙1%。

(3)杂木屑23%,棉籽壳38%,豆秆粉15%,麦麸17%,玉米粉5%,白糖1%,碳酸钙1%。

(4)甘蔗渣70%,米糠20%,玉米粉7%,白糖1%,石膏粉1%,石灰粉1%。

3. 栽培方式

杏鲍菇可分瓶栽、箱栽和袋栽等方式,但最方便最实用的是袋栽。

袋栽工艺流程如图4－3所示:

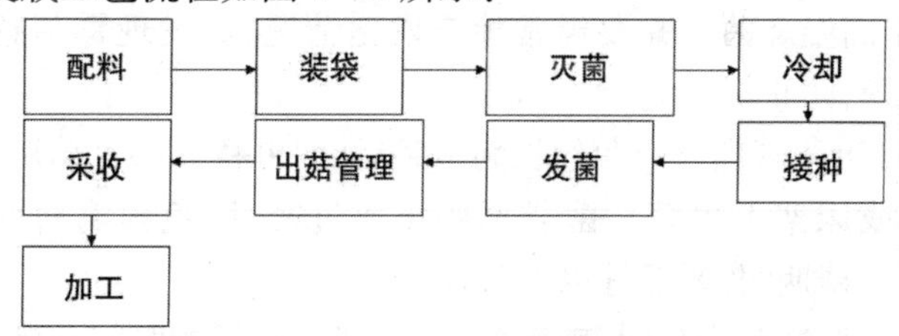

图4－3 袋栽工艺流程图

4. 栽培要求

(1)配料装袋　选用以上配方,按常规配制后装入 17 厘米 × 33 厘米 ×0.05 厘米的高压聚丙烯或高密度低压聚乙烯塑膜袋中,每袋装至高度约 15 厘米,湿料重 800 克左右,边装边压实,松紧适度,装好后用直径 1.5 厘米的锥形木棒在袋料中间打一深至袋底的通气孔,用于接种孔,然后套上环加棉塞,或折袋口扎绳均可。料装好后及时进行灭菌,以防放置过久因气温高导致培养料酸败。

(2)灭菌　灭菌可用高压蒸汽或常压蒸汽灭菌。高压灭菌于 151.71 千帕下灭菌 2 小时,或常压蒸汽灭菌在 100℃下维持 10 ~ 12 小时。

(3)冷却接种　灭菌后将料袋出锅送入冷却室冷却,待料温降至常温(30℃以下)时移入接种室或接种箱中,按无菌操作接入杏鲍菇栽培种,要认真将菌种块(1 厘米见方小块)塞入预先打好的接种孔内,孔内要有 1/3 的菌种,2/3 的菌种铺于袋口料面,以利上下发菌一致和迅速封面,防止杂菌入侵。如预先打的接种孔已堵塞,可用经酒精消毒的锥形木棒再次打孔接种,或采用料袋两头接种法亦可。接种量为干料重的 10% 左右。接种后复扎袋口,移入培养室发菌。

(4)发菌管理　接种后将菌袋直立或卧放于发菌室的地面或床架上避光培养发菌,温度保持在 25℃左右,空气相对湿度保持在 65% ~70%。当菌丝生长达料的 1/2 以上时,要适度松开袋口,以增加氧气促进菌丝生长。如室温超过 30℃,要开窗通风降温,防止高温烧菌。并要经常检查发菌情况,如发现霉菌感染要及时处理,防止扩大蔓延。

(5)出菇管理　当菌丝长满菌袋后,即可将其移入菇房,排放于地面或床架上出菇。菌袋不要排放过密,以免影响通气和出菇。在出菇期间,要抓好以下管理。

①掌握好开袋时间:杏鲍菇在出菇时,开袋的时间非常重要。开袋过早,在菌丝尚未扭结时开袋,因菌丝未达到生理成熟,难以

形成原基或原基形成很慢,或出菇不整齐,菇体经济性状差;开袋过晚,如在子实体已长大时开袋,子实体在袋内会出现畸形,严重时长出的菇蕾会萎缩或腐烂。合适的开袋时间是:在原基形成或出现小菇蕾时开袋,开袋后原基进一步分化和小菇发育正常,出菇整齐,菇体经济性状好。开袋后将袋膜向外翻卷下折至高于料面2厘米,以利出菇。

②控制好温度:菇房温度直接影响原基的形成和子实体生长发育。气温低于8℃时,原基难以形成,即使已伸长的菇体也会停止生长、萎缩、变黄直至死亡;当气温持续在18℃以上时,已分化的原基或形成的子实体突然迅速生长,品质会下降,原基停止分化,小菇蕾开始萎缩;当气温达21℃时,很少现原基,已形成的幼菇也会萎缩死亡。因此,出菇期菇房温度应控制在13℃~15℃,这样出菇快,菇蕾多,出菇整齐,经济性状好。

③控制好菇房湿度:出菇期间,菇房空气相对湿度应保持在85%~95%,湿度太低,菇蕾或子实体会萎缩,原基干裂不能分化。喷水时只能向地面、空中、墙壁喷雾状水,切勿将水直接喷到菇体上,否则造成子实体变黄,影响商品价值,严重时导致腐烂。

④调节好菇房空气:出菇期如菇房通气不良,CO_2浓度升高,会出现畸形菇;若碰上高温、高湿,还会导致子实体腐烂。因此,出菇期内必须保持菇房通气良好,如果覆膜出菇,每天要揭膜通风换气1~2次。当菇蕾大量发生时,要及时揭去覆膜,并拉直菌袋口薄膜保湿,以利出菇。

5. 病虫害防治

杏鲍菇抗性较强,一般不易感染杂菌和遭受病虫侵害。但当气温较高(高于20℃)和湿度较大(空气相对湿度大于95%)时,在子实体及培养基上也易遭受假单孢杆菌、木霉和蚤蝇等侵害。防治方法如下:

(1)搞好菇房及周围的环境卫生,杜绝污染源;

(2)加强菇房通风换气,严防出现高温高湿现象;

(3)对假单孢杆菌和木霉,可喷50%多菌灵0.1%~0.2%液

或65%代森锌500倍液,或75%甲基托布津1000倍液等杀灭;

(4)对蚤蝇等可用2500杀灭菊酯或3000溴氰菊酯喷洒地面及墙壁。

施用药物时,切忌喷到菇体上,以防污染菇体。

6. 采收与加工

(1)采收 一般在现蕾后15天左右,当菌盖即将平展,孢子尚未弹射时为采收适期,应及时采收,采收标准也可根据市场需要而定:出口菇要求菇盖直径4~6厘米,柄长6~8厘米;内销菇要求不甚严格,只要不带杂质、无腐烂现象即可。采完头潮菇,停水管理2~3天后再按上述要求管理,12天左右可采第二潮菇,一般只能采两潮菇,总生物学效率只有70%左右。如何才能高产,尚待进一步研究。

(2)加工 杏鲍菇可用塑料盒保鲜膜包装后直接进入超市鲜销,它较一般菇类耐贮存,在4℃冰箱中敞开放置10天不会变质;10℃下可放置5~6天,在15℃~20℃下也可保存2~3天不变质。也可干制或盐渍装罐后外销。

附　录

一、常规菌种制作技术

各类菌种生产上有许多共同之处，如制种设施、接种、工具、无菌条件、分离方法等均基本相同。为避免在介绍每个品种时，都要讲制种问题，现将制种的原则和要求分述如下，以便初学者参考和使用。

（一）菌种生产的程序

菌种生产的程序：一级种（母种）→二级种（原种）→三级种（栽培种）。各级菌种的生产要紧密衔接，以确保各级菌种的健壮。不论哪级菌种，其生产过程都包括：原料准备→培养基配制→分装和灭菌→冷却和接种→培养和检验→成品菌种。

（二）菌种生产的准备

1. 原料准备

（1）生产母种的主要原料　马铃薯、琼脂（又称洋菜）、葡萄糖、蔗糖、麦麸、玉米粉、磷酸二氢钾、硫酸镁、蛋白胨、酵母粉、维生素 B_1 等。

（2）生产原种和栽培种的主要原料　麦粒、谷粒、玉米粒、棉籽壳、玉米芯（粉碎）、稻草、大豆秸、麦麸或米糠、过磷酸钙、石膏、石灰等。

2. 消毒药物准备

（1）乙醇（即酒精）　用75%的酒精对物体表面（包括菇体、手指等）进行擦拭消毒效果很好。

（2）新洁尔灭　配成0.25%的溶液用棉球蘸取后擦拭物体表面消毒。

(3)苯酚(又称石炭酸) 用5%的苯酚溶液喷雾接种室、冷却室,用于空气消毒。

(4)煤酚皂液(俗称来苏水) 用1% ~2%的浓度喷雾接种室、培养室和浸泡操作工具及对空气和物体表面消毒。

(5)漂白粉 用饱和溶液喷洒培养室、菇房(棚)等,可杀灭空气中的多种杂菌。

(6)甲醛和高锰酸钾 按10∶7(体积)的比例混合熏蒸接种室、培养室等,可起到很好的杀菌消毒作用。

(7)过氧乙酸 将过氧乙酸Ⅰ和过氧乙酸Ⅱ按1∶1.5比例混合,置于广口瓶等容器内,加热促进挥发,对空气和物体表面能起到消毒作用。

3. 设施准备

(1)培养基配制设备

①称量仪器:架盘天平或台式扭力天平,50毫升、100毫升、1000毫升规格量杯、量筒及200毫升、500毫升、1000毫升等规格的三角烧瓶、烧杯。

②小刀、铝锅、玻棒、电炉或煤气炉灶、试管、漏斗、分装架、棉花、线绳、牛皮纸或防潮纸、灭菌锅(用于母种生产的灭菌锅常为手提式高压蒸汽灭菌器或立式高压蒸汽灭菌器)。

③用于原种和栽培生产的设备需要台秤、磅秤、水桶、搅拌机、铁锹、钉耙等。

(2)灭菌设备

①高压蒸汽灭菌:高压蒸汽灭菌器是一个可以密闭的容器,由于蒸汽不能逸出,水的沸点随压力增加而提高,因而加强了蒸汽的穿透力,可以在较短的时间内达到灭菌的目的。一般在0.137兆帕压力下,维持30分钟,培养基中的微生物,包括有芽孢的细菌都可被杀灭。灭菌压力和维持时间因灭菌物体的容积和介质而有区别。

常用高压灭菌器有手提式高压灭菌锅和立式高压灭菌锅及卧式高压灭菌锅(见图1)。手提式高压灭菌锅结构简单,使用方便,缺点是容量较小,无法满足规模化生产原种及栽培种的需要。卧式、立式高压灭菌锅容量大,除具有压力表、安全阀、放气阀等部件外,还有进水管、出水管、加热装置等,可用作原种和栽培种的批量生产。

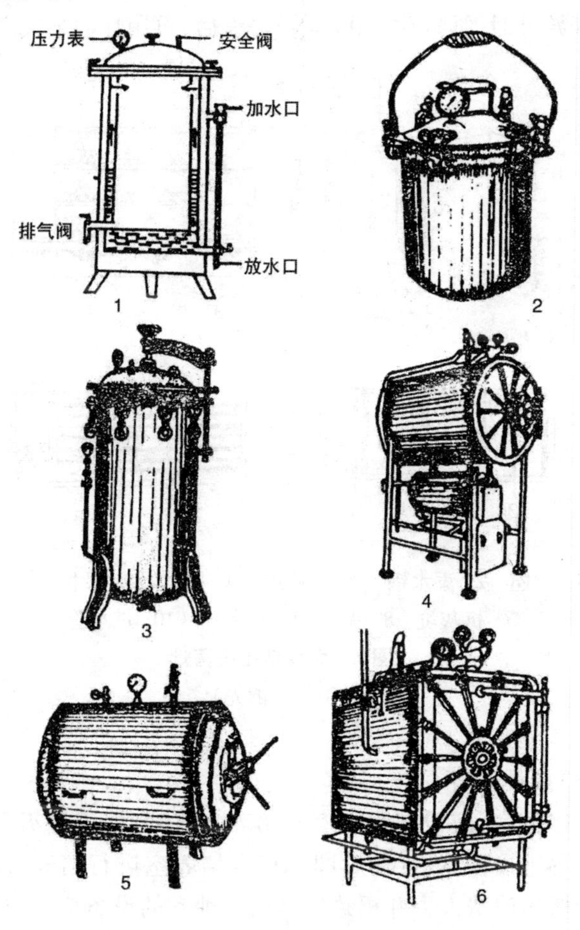

1、2.手提式 3.直立式 4、5.卧式圆形 6.卧式方形(消毒柜)

图1 灭菌设备

②常压蒸汽灭菌:常压蒸汽灭菌又称流通蒸汽灭菌,主要由灭菌灶与灭菌锅组成(见图2)。少量生产,也可用柴油桶改制灭菌灶。由于灭菌设备的密闭性和灭菌物品介质的不同,灭菌温度通常在95℃~105℃。采用常压蒸汽灭菌,当灭菌锅温度上升到100℃开始计时,维持6~10小时,停火后,再用灶内余火焖一夜。

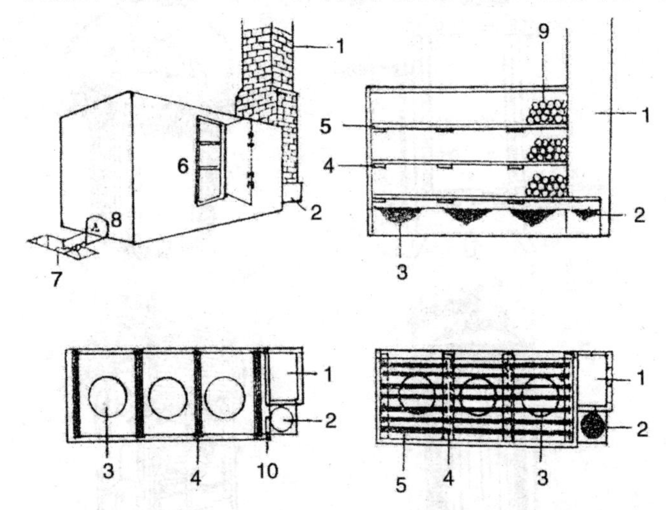

1. 烟囱 2. 添水锅 3. 大铁锅 4. 横木 5. 平板 6. 进料门 7. 扒灰坑 8. 火门 9. 培养料 10. 进水管

图2 大型常压灭菌灶

(引自姚淑先)

(3)接种设备

①接种室:应设在灭菌室和培养室之间,培养基灭菌后就可很快转移进接种室,接种后即可移入培养室进行培养,以避免长距离的搬运浪费人力并招致污染。接种室的设备应力求简单,以减少灭菌时的死角。接种室与缓冲室之间装拉门,拉门不宜对开,以减少空气的流动。在接种室中部设一工作台,在工作台上方和缓冲室上方,各装一支30~40瓦的紫外线杀菌灯和40瓦日光灯,灯管与台面相距80厘米,勿超过1米,以保证灭菌效果。

接种时，紫外线灯要关闭，以免伤害工作人员。（见图3）

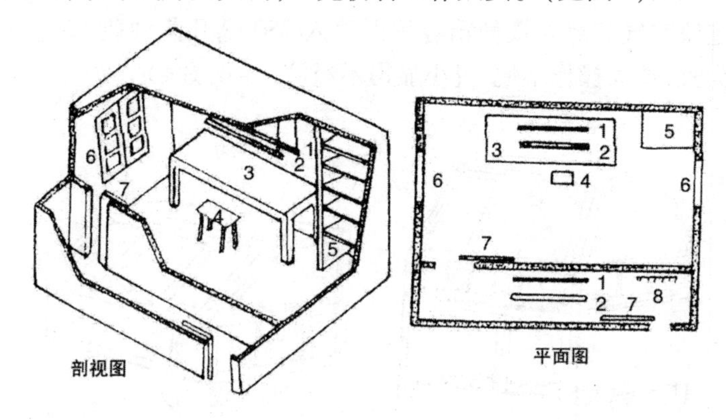

1. 紫外灯　2. 日光灯　3. 工作台　4. 凳子
5. 瓶架　6. 窗　7. 拉门　8. 衣帽钩

图3　接种室

（引自《自修食用菌学》）

接种室要经常保持清洁。使用前要先用紫外线灯消毒15～30分钟，或用5%的石炭酸、3%煤酚皂溶液喷雾后再开灯灭菌。空气消毒后经过30分钟，送入准备接种的培养基及所需物品，再开紫外线灯灭菌30分钟，或用甲醛熏蒸消毒后，密闭2小时。

接种时要严格遵守无菌操作规程，防止操作过程中杂菌侵入，操作完毕后，供分离用的组织块、培养基碎屑以及其他物品应全部带出室外处理，以保持接种室的清洁。

②接种箱：接种箱是一种特制的、可以密闭的小箱，又叫无菌箱，用木材及玻璃制成，接种箱可视需要设计成双人接种箱和单人接种箱。双人接种箱的前后两面各装有一扇能启闭的玻璃窗，玻璃窗下方的箱体上开有两个操作孔。操作孔口装有袖套，双手通过袖套伸入箱内操作。操作完毕后要放入箱内，操作孔上还应装上两扇可移动的小门。箱顶部装有日光灯及紫外线灯，接种时，酒精灯燃烧散发的热量会使箱内温度升高到40℃以上，使培养基移动或溶化，并影响菌种的生活力，因此，为便于散发热量，

在顶板或两侧应留有两排气孔,孔径小于 8 厘米,并覆盖 8 层纱布过滤空气。双人接种箱容积以放入 750 毫升菌种瓶 100 ~ 150 瓶为宜,过大操作不便,过小显得不经济。(见图 4)

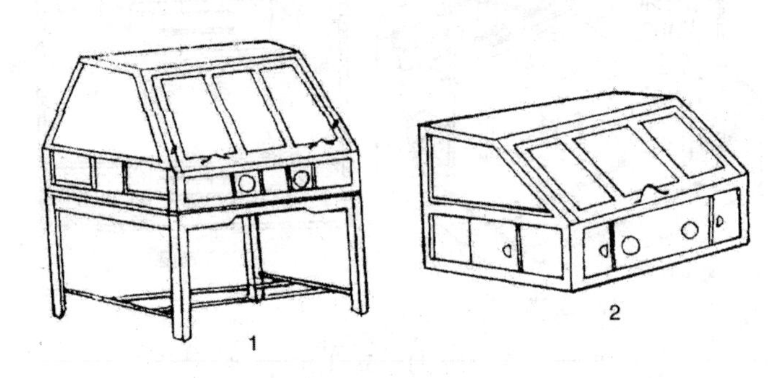

1. 双人接种箱　2. 单人接种箱

图 4　接种箱

(引自《自修食用菌学》)

接种箱的消毒可用 40% 的甲醛溶液 8 毫升,加入高锰酸钾 5 克(1 立方米容积用量),置于烧杯中熏蒸 45 分钟;在使用前用紫外线灯照射 30 分钟。如只是少量的接种,则可在使用前喷一次 5% 碳酸溶液,并同时用紫外线灯照射 20 分钟即可。

③超净工作台:分单人和双人用两类。单人超净工作台操作台面较小。一般为(80 ~ 100)厘米 ×(60 ~ 70)厘米,双人超净工作台操作台面较大,可两人同时一面或对面操作。使用前打开开关,净化空气 10 ~ 20 分钟后即可接种。(见图 5)

④接种工具:接种刀、接种铲、接种耙、接种针、接种镊。

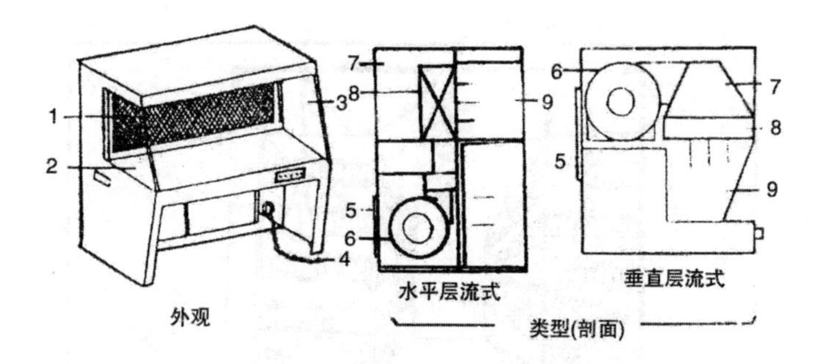

1. 高效过滤器　2. 工作台面　3. 侧玻璃　4. 电源　5. 预过滤器　6. 风机　7. 静压箱　8. 高效空气过滤器　9. 操作区

图5　超净台

4. 培养室

培养室是进行菌种恒温培养的地方。因为温度关系到菌丝生长的速度、菌丝对培养基分解能力的强弱、菌丝分泌酶的活性高低及菌丝生长的强壮程度。对它的基本要求是大小适中,密闭性能好,地面及四周墙面光滑平整,便于清洗。为了使室内保持一定的温度,在冬季和夏季要采用升温和降温的措施来控制。室内同时挂上温度计和湿度计来掌握温湿度。(见图6)

升温一般采用木炭升温、电炉升温、蒸汽管升温等办法。在升温过程中,为了保持培养室的清洁卫生,避免燃烧产生的二氧化碳、一氧化碳等有害气体对菌种的影响,加温炉最好不要直接放在室内。

目前常用空调降温、冰砖降温、喷水降温等措施。在喷水降温时,应加大通风,以免因培养室过湿而滋生杂菌。

培养室内可设几个用来存放菌种瓶的床架,一般设3~5层,每层的高度设计要便于操作。在菌种排列密集的培养室内,可设合适的窗口,以利空气对流。当培养室内外湿度大时,可在室内定期撒上石灰粉吸潮,以免滋生杂菌。菌丝培养阶段均不需要光线或是只需微弱散射光,在避光条件下培养对菌丝生长最为有利。

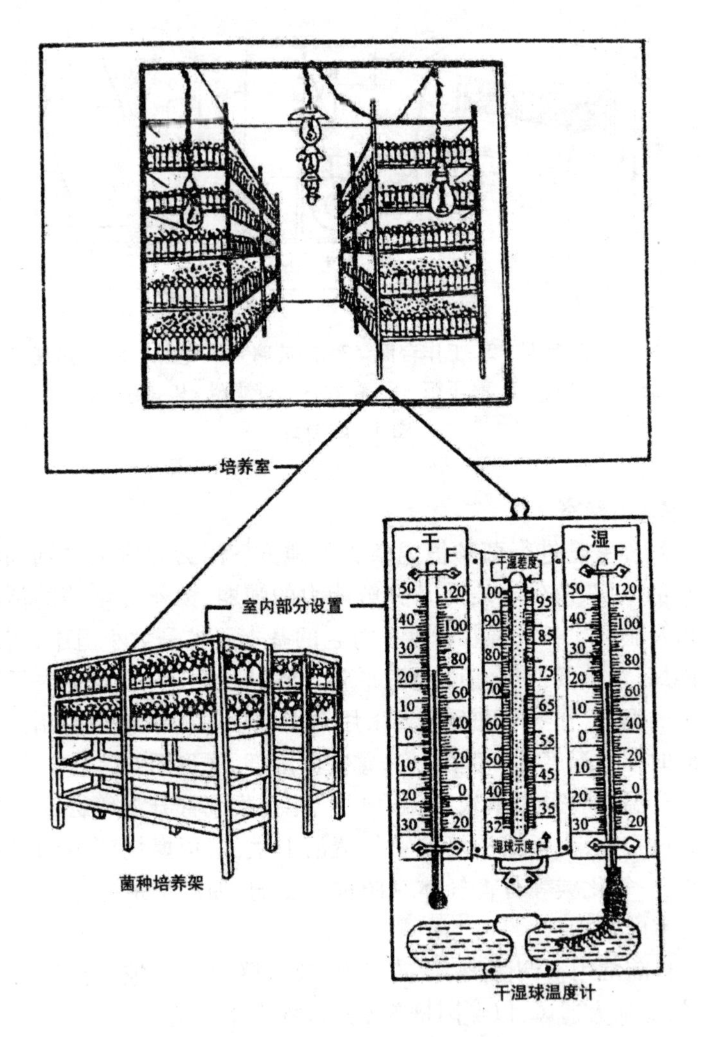

图6　培养室及其室内设置

(三)母种的制作

1. 斜面培养基的制备

(1)培养基配方

①PDA 培养基:马铃薯(去皮)200 克,葡萄糖 20 克,琼脂

10～20克,水1000毫升,pH值6.2～6.5。

②PDA综合培养基:马铃薯(去皮)200克,葡萄糖20克,磷酸二氢钾2克,硫酸镁0.5克,琼脂10～20克,水1000毫升,pH值6.2～6.5。

③PYA综合培养基:马铃薯(去皮)200克,葡萄糖20克,酵母粉2克,磷酸二氢钾2克,硫酸镁0.5克,琼脂10～20克,水1000毫升,pH值6.2～6.5。

④MPA综合培养基:马铃薯(去皮)200克,葡萄糖20克,蛋白胨2克,磷酸二氢钾2克,硫酸镁0.5克,琼脂10～20克,水1000毫升,pH值6.2～6.5。

⑤木屑综合培养基:马铃薯(去皮)200克,阔叶树木屑100克,葡萄糖20克,磷酸二氢钾2克,琼脂10～20克,水1000毫升,pH值6.2～6.5。

⑥麦麸综合培养基:马铃薯(去皮)200克,麦麸50～100克,葡萄糖20克,磷酸二氢钾2克,硫酸镁0.5克,琼脂10～20克,水1000毫升,pH值6.2～6.5。

⑦玉米粉综合培养基:马铃薯(去皮)200克,玉米粉50～100克,葡萄糖20克,磷酸二氢钾2克,硫酸镁0.5克,琼脂10～20克,水1000毫升,pH值6.2～6.5。

⑧保藏菌种培养基:马铃薯(去皮)200克,葡萄糖20克,磷酸二氢钾3克,硫酸镁1.5克,维生素B_1微量,琼脂10～25克,水1000毫升,pH值6.4～6.8。

(2)配制方法　培养基配方虽然各异,但配制方法基本相同,都要经过如下程序:原料选择→称量调配→调节pH值→分装→灭菌→摆成斜面。

①原料选择:最好不使用发芽的马铃薯,若要使用,必须挖去芽眼,否则芽眼处的龙葵碱对侧耳类菌丝生长有毒害作用。木屑、麦麸、玉米粉等要新鲜不霉变、不生虫。否则昆虫的代谢产物和霉菌产生的毒素对菌丝也有毒害的作用。

②称量:培养基配方中标出的"水1000毫升"不完全是水,实

际上是将各种原料溶于水后的营养液容量。配制时要准确称取配方中的各种原料,配制好后使总容量达到1000毫升。

③调配:将马铃薯、木屑、麦麸、玉米芯等加适量水于铝锅中煮沸20~30分钟,用2~4层纱布过滤取汁;将难溶解的蛋白胨、琼脂等先加热溶解,然后加入化学试剂,如葡萄糖、磷酸二氢钾、硫酸镁等,用玻棒不断搅拌,使其均匀。如容量不足可加水补足至1000毫升。

④调节pH值:不同侧耳类品种生长发育的最适pH值不同,不同地区、不同水源的pH值也不尽相同。因此对培养基的pH值需要根据所生产母种的品性来调节。通常选用pH值试纸测定已调配好的培养基,方法是将试纸浸入培养液中,取出与标准比色板比较变化的颜色,找到与比色板上色带相一致者,其数值即为该培养基的pH值。如果pH值不符合所需要求,过酸(小于7),可用稀碱(碳酸氢钠、碳酸钠溶液)调整;若过碱(大于7),则用稀酸(柠檬酸、乙酸溶液)调整。

⑤分装:将调节好pH值的培养基分装于玻璃试管中,试管规格为(18~20)厘米(长)×(18~20)毫米(口径)。新启用的试管,要先用稀硫酸液在烧杯中煮沸以清除管内残留的烧碱,然后用清水冲洗干净,倒置晾干备用,切勿现洗现用,以免因管壁附有水膜,导致培养基易在试管内滑动。分装试管时可使用漏斗式分装器,也可自行设计使用倒"U"字形虹吸式分装器。分装时先在漏斗或烧杯中加满培养基,用吸管先将培养基吸至低于烧杯中培养基液面,然后一手管住止水阀,另一手执试管接流下来的培养基,达到所需量时,关闭止水阀(或自由夹)。如此反复分装完毕。分装时尽量避免流出的培养基沾在管口或壁上,如不慎沾上,要用纱布擦净,以免培养基粘住棉塞而影响接种和增加污染概率。试管装量一般为试管高度的1/5~1/4,不可过多,也不可过少。

分装完毕盖上棉塞。用干净的普通棉花,做成粗细均匀,松紧适度的棉塞,以塞好后手提时不掉为宜。棉塞长度以塞入试管内1.5~2.0厘米,外露1.5厘米左右为宜。然后10支捆成一捆,管口用牛皮纸或防潮纸包紧入锅灭菌。

(3)灭菌　将捆好的试管放入高压灭菌锅内灭菌。先在锅内加足水,将试管竖立于锅内,加盖拧紧,然后接通热源加热。由于不同型号的高压锅内部结构不完全相同,所以,操作时要严格按有关产品说明进行,以免发生意外。加热时,当压力达到0.1～0.11兆帕开始计时,保持30分钟即可。灭菌完毕后,待压力降至零后打开排气阀排尽蒸汽,然后开盖,取出试管,趁热摆成斜面。其方法是在平整的桌面上放一根0.8～1.0厘米厚的木条,将灭好菌的试管口向上斜放在木条上。斜面的长以不超过试管总长度的1/2为宜,冷却凝固后即成斜面培养基(见图7)。将斜面试管取出10～20支,于28℃下培养24～48小时,检查灭菌效果,如斜面无杂菌生长,方可作斜面培养基使用。

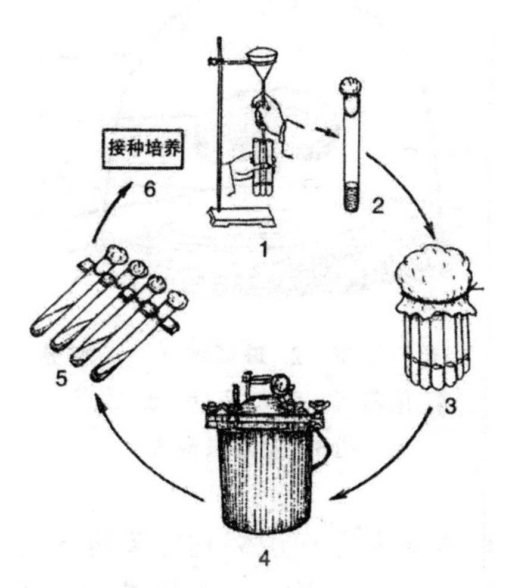

1. 分装试管　2. 塞棉塞　3. 打捆
4. 灭菌　5. 摆成斜面

图7　斜面培养基制作流程

2. 菌种的分离

(1)菌种的选择　根据不同引进或以自选的优良菌株进行培

育。

(2)母种的分离　母种的分离可分孢子分离法、组织分离法和菇木分离法三种方法。

①孢子分离法:孢子分离有单孢分离和多孢分离两种,不论哪种均需先采集孢子,然后进行分离。

A. 种菇的选择和处理　选用菇形圆整、健壮、无病虫害、七八成熟性状优良的单生菇子实体作为种菇,去除基部杂质,放入接种箱中,用新洁尔灭或75%的乙醇进行表面消毒。

B. 采集孢子　采集孢子的方法很多,最常用的有整菇插种法、孢子印法、钩悬法和贴附法(见图8)。下面以整菇插种法为例,具体介绍其采孢及分离方法。

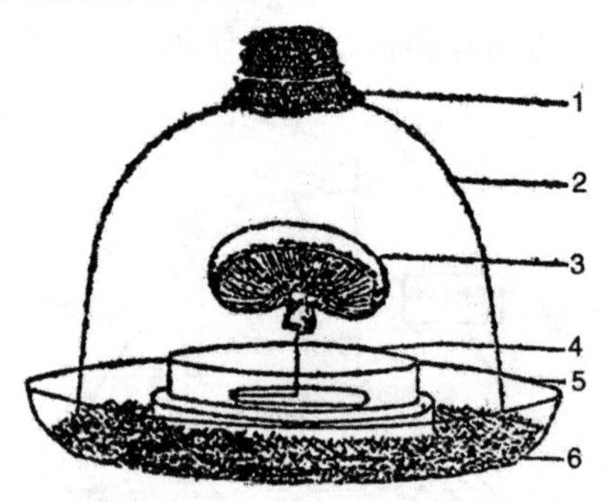

1. 包口纱布　2. 玻璃钟罩　3. 种菇
4. 培养皿　5. 搪瓷盘　6. 纱布

图8　整菇采孢法

选取菌盖4~6厘米的子实体,切去菌柄,经表面消毒后插入下面有培养皿的孢子收集器内。盖上钟罩,让其在适温下自然弹射孢子,经1~2天,就有大量孢子落入培养皿内。然后将孢子收集器移入无菌箱中,打开钟罩,去掉种菇,将培养皿用无菌纱布盖好,并用透明胶或胶布封贴保存备用。

C. 接种　将培养基试管、注射器、无菌水等器物用0.1%的高锰酸钾溶液擦洗后放入接种箱内熏蒸消毒,半小时后进行接种操作。打开培养皿,用注射器吸取5毫升无菌水注入盛有孢子的培养皿中,轻轻摇动,使孢子均匀地悬浮于水中。把培养皿倾斜置放,因饱满孢子比重大,沉于底层,这样可起到选种的作用。用注射器吸取下层孢子液2~3毫升,然后再吸取2~3滴无菌水,将孢子液进一步稀释;将注射器装上长针头,针头朝上,静置数分钟后推去上部悬浮液,拔松斜面试管棉塞,使针头沿试管壁插入,注入孢子液1~2滴,让其顺试管斜面流下,抽出针头,塞紧棉塞,放置好试管,使孢子均匀分布于培养基斜面上。

D. 培养　接种后将试管移入25℃左右的恒温箱中培养,经常检查孢子萌发情况及有否杂菌污染。在适宜条件下,3~4天培养基表面就可看到白色星芒状菌丝。一个菌丝丛一般由一个孢子发育而成,当菌丝长到绿豆大小时,从中选择发育匀称、生长迅速、菌丝清晰整齐的单个菌落,连同一层薄薄的培养基,移入另一试管斜面中间,在适温下培养,即得单孢子纯种。

有些菇是异宗结合的菌类,如平菇,单孢子的培养物不能正常出菇,必须要两个可亲和性的单孢萌发的单核菌丝交配而形成双核菌丝才具结实性。

E. 孢子分离　采集到的孢子不经分离直接接于斜面上也能培育出纯菌丝,但在菌丝体中必然还夹杂有发育畸形或衰弱及不孕的菌丝。因此,对采集到的孢子必须经过分离优选,然后才能制作纯优母种。分离方法有以下两种。

a. 单孢分离法:所谓单孢分离,就是将采集到的孢子群单个分开培养,让其单独萌发成菌丝而获得纯种的方法。此种方法多用于研究菌菇类生物特性和用于遗传育种,直接用于生产上较少,这里不予介绍。

b. 多孢分离法:所谓多孢分离,就是把采集到的许多孢子接种在同一斜面培养基上,让其萌发和自由交配,从而获得纯种的一种制种方法。此法应用较广,具体做法可分斜面划线法、涂布分离法及直接培养法。下面介绍前两种分离法。

斜面划线法:将采集到的孢子,在接种箱内按无菌操作规程,用接种针粘取少量孢子,在 PDA 培养基上自下而上轻轻划线接种,不要划破培养基表面。接种后灼烧试管口,塞上棉塞,置适温下培养,待孢子萌发后,挑选萌发早、长势旺的菌落,转接于新的试管培养基上再行培养,发满菌丝即为母种。

涂布分离法:用接种环挑取少量孢子至装有无菌水的试管中,充分摇匀制成孢子悬浮液,然后用经灭菌的注射器或滴管吸取孢子悬浮液,滴 1 ~2 滴于试管斜面或平板培养基上,转动试管,使悬浮液均匀分布于斜面上;或用玻璃刮刀将平板上的悬浮孢子液涂布均匀。经恒温培养萌发后,挑选几株发育匀称、生长快的菌落,移接于另一试管斜面上,适温培养,长满菌丝即为母种。

以上分离出的母种,必须经过出菇试验,取得生物学特性和效应等数据后,才能确定能否应用于生产。千万不可盲从!

②组织分离法:即采用菇体组织(子实体)分离获得纯菌丝的一种制种方法,这是一种无性繁殖法,具有取材容易、操作简便、菌丝萌发早、有利保持原品种遗传性、污染率低、成功率高等特点。在制种上使用较普通,具体操作如下。(见图 9)

挑选子实体肥厚、菇柄短壮、无病虫害、具本品系特征的的七八成熟的鲜菇做种菇,切去基部杂质部分,用清水洗净表面,置于接种箱内。再将种菇放入 0.1% 的升汞溶液中浸泡 1 分钟,用无菌水冲洗数次,用无菌纱布吸干水渍,用经消毒的小刀将种菇一剖为二,在菌盖与菌柄相交处用接种镊夹取绿豆大小一块,移接在试管斜面中央,塞上棉塞,移入 25℃左右培养室内培养。当菌丝长满斜面,查无杂菌污染时,即可作为分离母种(见图 10)。也可从斜面上挑选纯净、健壮、生长旺盛的菌丝进行转管培养,即用接种针(铲)将斜面上的菌丝连同一层薄薄的培养基一起移到新的试管斜面上,在适温下培养,待菌丝长满,查无杂菌,即为扩繁的母种。

3. 母种的扩繁与培养

为了适应规模化生产,引进或分离的母种,必须经过扩大繁殖与培养,才能满足生产上的需要。母种的扩繁与培养,具体操作方法如下。

(1)扩繁接种前的准备　接种前一天,做好接种室(箱)的消毒工作。先将空白斜面试管、接种工具等移入接种室(箱)内,然后用福尔马林(每立方米空间用药5～10毫升)加热密闭熏蒸24小时,再用5%石炭酸溶液喷雾杀菌和除去甲醛臭气,使臭氧散尽后入室操作。如在接种箱内播种,先打开箱内紫外线灯照射45分钟,关闭箱室门,人员离开室内以防辐射伤人。照射结束后停半小时以上方可进行操作。操作人员要换上无菌服、帽、鞋,用2%煤酚皂液(来苏水)将手浸泡几分钟,并将引进或分离的母种用乙醇擦拭外部后带入接种室(箱)。

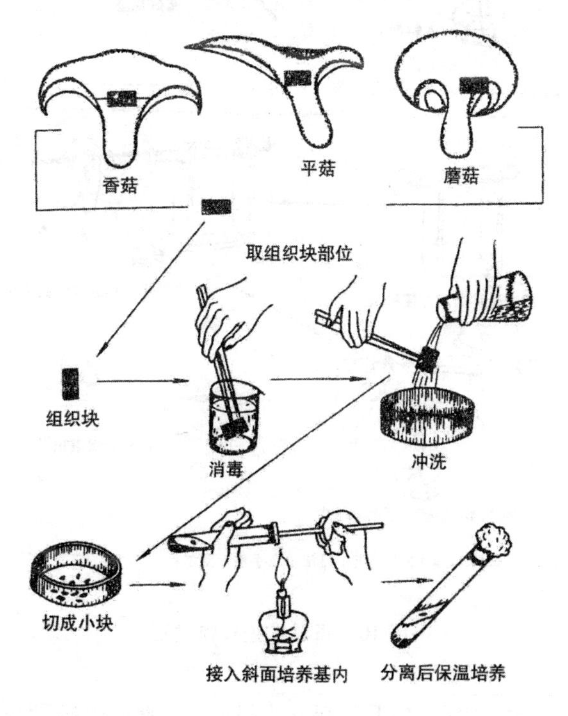

图9　组织分离操作过程

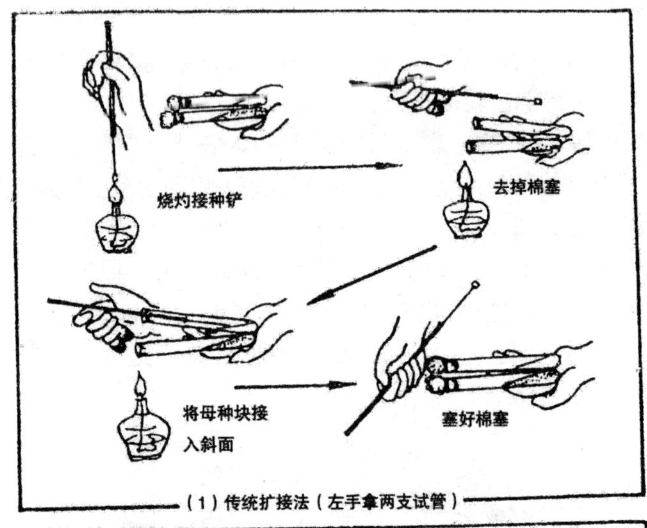

（1）传统扩接法（左手拿两支试管）

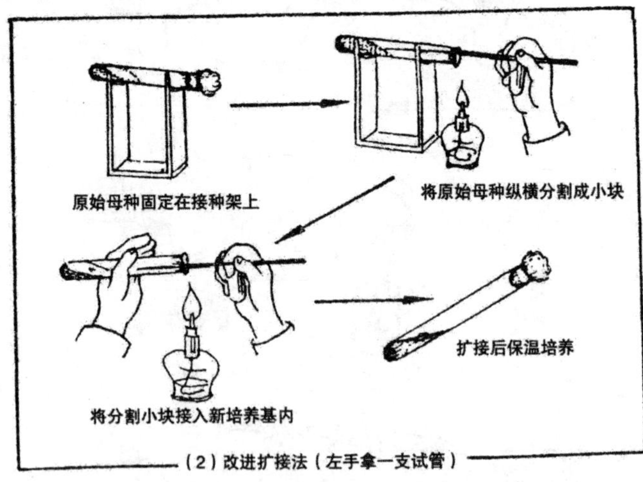

（2）改进扩接法（左手拿一支试管）

图 10　母种扩接操作过程

(2)接种方法　左手拿起两支试管，一般斜面试管母种在上，空白斜面试管在下，右手拿接种耙，将接种耙在酒精灯上烧灼后冷却。在酒精灯火焰附近先取下母种试管口棉塞，再用左手无名指和小指抽掉空白斜面试管棉塞并夹住，试管口稍向下倾斜，用酒精灯火焰封锁管口，把接种耙伸入试管，将母种斜面横向切成2毫米左右的条。不要全部切断，深度约占培养基的1/3。再将接种铲灼烧后冷却，将母种纵向切成若干小块，深度同前，宽2毫米，长4毫米。拔去空白试管的棉塞，用接种铲挑起一小块带培养基的菌丝体，迅速将接种块移入空白斜面中部。接种时应使有菌丝的一面竖立在斜面上，这样气生菌丝和基内菌丝都能同时得到发育。在接种块过管口时要避开管口和火焰，以防烫死或灼伤菌丝。将棉塞头在火焰上烧一下，然后立即将棉塞塞入试管口，将棉塞转几下，使之与试管壁紧贴。接种量一般每支20毫米×200毫米的试管母种可移接35支扩繁母种。

接种完毕，及时将接好的斜面试管移入培养室中培养。移入前，搞好室内卫生，用0.1%的来苏水或清水清洗室内和台面，并开紫外线灯灭菌30分钟。培养期间，室温控制在25℃左右，并注意检查发菌情况，发现霉菌感染，及时淘汰。待菌丝长满斜面即为扩繁母种。

（四）原种和栽培种的制作

先由母种扩接为原种（见图11），再由原种转接为栽培种。

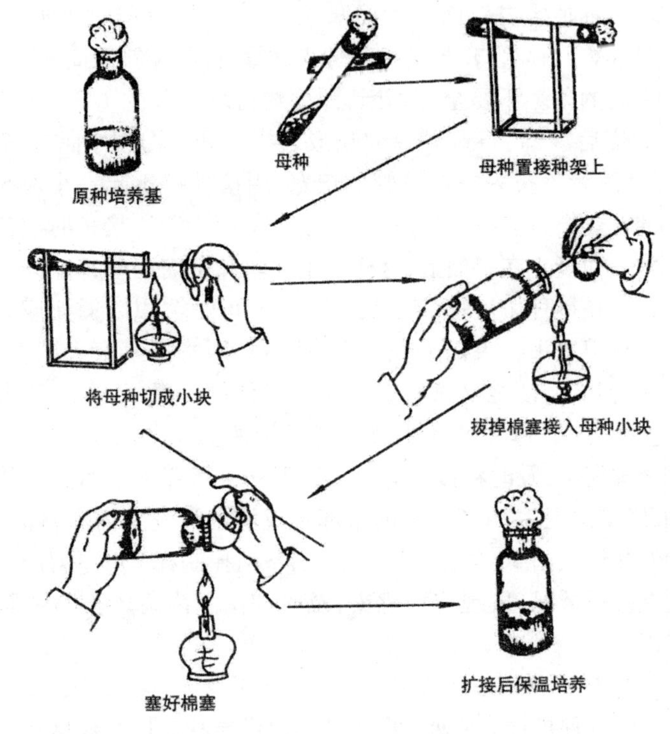

图 11　从母种扩接为原种的操作过程

制作原种和栽培种的原料配方及制作方法基本相同。只因栽培种数量较大,所用容器一般为聚丙烯塑料袋。其工艺流程为:配料→分装→灭菌→冷却→接种→培养→检验→成品。

1. 原料配方

原种和栽培种按培养基质不同可分为谷粒种和草料种,按基质状态又分为固体种和液体种。目前生产上广为应用的是固体种。常做谷粒种培养基的原料有小麦、大麦、玉米、谷子、高粱、燕麦等,常做草料种培养基的原料为棉籽壳、稻草、木屑、玉米芯、豆秸等。此外还有少量石膏、麦麸、米糠、过磷酸钙、石灰、尿素等作为辅料,常用配方如下。

(1)谷粒种培养基及其配制

①麦粒培养基:选用无霉变、无虫蛀、无杂质、无破损的小麦粒做原料,用清水浸泡6~8小时,以麦粒吸足水分至胀满为度。浸泡时,每50千克小麦加0.5千克石灰和2千克福尔马林,用以调节酸碱度和杀菌消毒。然后入锅,用旺火煮10~15分钟,捞起控水后加干重1%的石膏,拌匀后装瓶、加盖、灭菌。

②谷粒培养基:选饱满无杂质、无霉变的谷粒,用清水浸泡2~3小时,用旺火煮10分钟(切忌煮破),捞起控水后加0.5%(按干重计)生石灰和1%(按干重计)石膏粉,搅拌均匀后装瓶、灭菌。

③玉米粒培养基:选饱满玉米,用清水浸泡8~12小时,使其充分吸水,然后煮沸30分钟,至玉米变软膨胀但不开裂为度。捞起控干水分,拌入0.5%(按干重计)生石灰,装瓶、灭菌。

以上培养基灭菌均采用高压蒸汽灭菌,高压0.2兆帕,灭菌2~2.5小时;若用0.15兆帕,则需2.5~3小时。

(2)草料种配方及配制

①纯棉籽壳培养基:棉籽壳加水调至含水量在60%,拌匀后装瓶(袋),灭菌。

②棉籽壳碱性培养基:棉籽壳99%,石灰1%,加水调至含水量60%,拌匀装瓶(袋),灭菌。

③棉籽壳玉米芯混合培养基:棉籽壳30%~78%,玉米芯(粉碎)20%~68%,石膏1.5%,生石灰0.5%,加水调至含水量60%,拌匀后装瓶(袋),灭菌。

④玉米芯麦麸培养基:玉米芯(粉碎)82.5%,麦麸或米糠14%,过磷酸钙2%,石膏1%,石灰0.5%,加水调至含水量60%,拌匀后装瓶(袋),灭菌。

⑤木屑培养基:阔叶树木屑79.5%,麦麸或米糠19%,石膏1%,石灰0.5%,加水调至含水量60%,拌匀后分装灭菌。

⑥稻草培养基:稻草(粉碎)76.5%,麦麸20%,过磷酸钙2%,石膏1%,石灰0.4%,尿素0.1%,加水调至含水量60%,拌

匀装瓶(袋),灭菌。

⑦豆秸培养基:大豆秸(粉碎)88.5%,麦麸或米糠10%,石膏1%,石灰0.5%,加水调至含水量60%,拌匀装瓶(袋),灭菌。

以上各配方在有棉籽壳的情况下,均可适当增加棉籽壳用量。其作用有二:一是增加培养料透气性,有利发菌;二是棉仁酚有利菌丝生长。不论是瓶装还是袋装,都要松紧适度。装得过松,菌丝生长快,但菌丝细弱、稀疏、长势不旺;装得过紧,通气不良,菌丝生长困难。谷粒种装瓶后要稍稍摇动几下,以使粒间孔隙一致。其他料装瓶后要用锥形木棒(直径2~3厘米)在料中间打一个深近瓶底的接种孔,然后擦净瓶身,加盖棉塞和外包牛皮纸,以防灭菌时冷凝水打湿棉塞,引起杂菌感染。

用塑料袋装料制栽培种时,塑料袋不可过大,一般在13~15厘米宽,25厘米长即可,每袋装湿料400~500克,最好使用塑料套环和棉塞,以利通气发菌。

2. 灭菌

灭菌是采用热力(高温)或辐射(紫外线)杀灭培养基表面及基质中的有害微生物,以达到在制种栽培中免受病虫危害的目的。因此灭菌的彻底与否,直接关系到制种的成败及质量的优劣。培养基分装后要及时灭菌,一般应在4~6小时内进行,否则易导致培养料酸败。不同微生物对高温的耐受性不同,因此灭菌时既要保证一定的温度,又要保证一定的时间,才能达到彻底灭菌的目的。

制作原种和栽培种时,常用的灭菌方法有高压蒸汽灭菌法和常压蒸汽灭菌法。这两种灭菌方法,其锅灶容量较大,前者适合原种,后者适于栽培种生产。

(1)高压蒸汽灭菌法　就是利用密封紧闭的蒸锅,加热使锅内蒸汽压力上升,使水的沸点不断提高,锅内温度增加,从而在较短时间内杀灭微生物(包括细菌芽孢)。是一种高效快捷的灭菌方法。主要设备是高压蒸汽灭菌锅,有立式、卧式、手提式等多种样式。大量制作原种和栽培种,多使用前两种。使用时要严守操作规程,以免发生事故。高压锅内的蒸汽压力与蒸汽温度有一定的关系,蒸汽温度与蒸汽压力成正相关,即蒸汽温度越高,所产生的蒸汽压力就越大,见表1。

表1　蒸汽温度与蒸汽压力对照表

蒸汽温度(℃)	蒸汽压力(lbf/in^2)	蒸汽压力(kgf/cm^2)	蒸汽压力(MPa)
100.0	0.0	0.0	0.0
105.7	3	0.211	0.0215
111.7	7	0.492	0.0502
119.1	13	0.914	0.0932
121.3	15	1.055	0.1076
127.2	20	1.406	0.1434
128.1	22	1.547	0.1578
134.6	30	2.109	0.2151

此表引自贾生茂等,《中国平菇生产》。lbf/in^2表示英制磅力每平方英寸;kgf/cm^2表示公制千克力每平方厘米;MPa(兆帕)表示压力的法定计量单位。

因此,从高压锅的压力表上可以了解和掌握锅内的蒸汽温度的高低及蒸汽压力的大小。如当压力表上的读数为0.21kgf/cm^2或0.0215兆帕时,其高压锅内的蒸汽温度即为105.7℃。一般固体物质在0.14~0.2兆帕下,灭菌1~2.5小时即可。使用的压力和时间要依据原料性质和容量多少而定,原料的微生物基数大,容量多使用的压力相对要高,灭菌时间要长,才能达到彻底灭菌效果。不论采用哪种高压灭菌器灭菌,灭菌后均应让其压力自然下降,当压力降至零时,再排汽,汽排净后再开盖出料。

(2)常压蒸汽灭菌法　即采用普通升温产生自然压力和蒸汽高温(98~100℃)以杀灭微生物的一种灭菌方法。这种灭菌锅灶种类很多,可自行设计建造。它容量大,一般可装灭菌料1500~2000千克(种瓶2000~4000个),很适合栽培种培养基或熟料栽培原料的灭菌。采用此法灭菌时,料瓶(袋)不要码得过紧,以利蒸汽串通;火要旺,装锅后在2~3小时使锅内温度达98℃~

100℃,开始计时,维持6～8小时。灭菌时间可根据容量大小而定,容量大的灭菌时间可适当延长,反之可适当缩短。灭菌中途不能停火或加冷水,否则易造成温度下降,灭菌不彻底。灭完菌后不要立即出锅,用余热将培养料焖一夜,这样既可达到彻底灭菌的目的,又可有效地避免因棉塞受潮而引起杂菌感染。

3. 冷却接种

(1)冷却　灭菌后将种瓶(袋)运至洁净、干燥、通风的冷却室或接种室让其自然冷却,当料温冷却至室温(30℃以下)时方可接种。料温过高接种容易造成"烧菌"。

(2)消毒　接种前,要用甲醛和高锰酸钾等对接种室进行密闭熏蒸消毒(用量、方法如前所述),用乙醇或新洁尔灭等对操作台的表面进行擦拭。然后打开紫外线灯照射30分钟,半小时后开始接种。使用超净工作台接种时,先用75%酒精擦拭台面,然后打开开关吹过滤空气20分钟。无论采用哪种方法接种,均要严格按无菌操作规程进行操作。

(3)接种方法　一人接种时,将母种(或原种)夹在固定架上,左手持需要接种的瓶(袋),右手持接种钩、匙,将母种或原种取出迅速接入瓶(袋)内,使菌种块落入瓶(袋)中央料洞深处,以利菌丝萌发生长。两人接种时,左边一人持原种或栽培种瓶(袋),负责开盖和盖盖(或封口),右边一人持母种或原种瓶及接种钩,将菌种掏出迅速移入原种或栽培种瓶(袋)内。袋料接种后,要注意扎封好袋口,最好套上塑料环和棉塞,既利于透气,又利于防杂菌。

4. 培养发菌

接种后将种瓶(袋)移入已消毒的培养室进行培养发菌(简称培菌)。培菌期间的管理主要抓以下两项工作。

(1)控制适宜的温度　如平菇(侧耳类的代表种)菌丝生长的温度范围较广,但适宜的温度范围只有几度;且不同温型的品种,菌丝生长对温度的需求又有所不同,因此,要根据所培养的品种温型及适温范围对温度加以调控。菌丝生长阶段,中低温型品种一般应控温在 20℃～25℃，广温和高温型品种以 24℃～30℃为宜。平菇所有品种的耐低温性都大大超过其对高温的耐受性。当培养温度低于适温时，只是生长速度减慢，其活力不受影响；当培养温度高于适温时，菌丝生长稀疏纤细，长势减弱，活力被削弱。因此，切忌培养温度过高。

为了充分利用培养室空间，室内可设多层床架用于摆放瓶（袋）进行立体培养。如无床架，在低温季节培菌时，可将菌种瓶（袋）堆码于培养室地面进行墙式培养。堆码高度一般 4～6 瓶（袋）高；堆码方式，菌瓶可瓶底对瓶底双墙式平放于地面，菌袋可单袋骑缝卧放于地面。两行瓶（袋）之间留 50～60 厘米人行道，以便管理。为了受温均匀，发菌一致，堆码的瓶（袋）要进行翻堆。接种后 5 天左右开始翻堆，将菌种瓶（袋）上、中、下相互移位。随着菌丝的大量生长，新陈代谢旺盛，室温和堆温均有所升高，此时要加强通风降温和换气。如温度过高，要及时疏散菌种瓶（袋），确保菌丝正常生长。

（2）检查发菌情况　接种后发菌是否正常，有无杂菌感染，这都需要通过检查发现，及时处理。一般接种后 3～5 天就要开始进行检查，如发现菌种未萌发，菌丝变成褐色或萎缩，则需及时进行补种。此后，每隔 2～3 天检查一次，主要是查看温湿度是否合适，有无杂菌污染。如温度过高，则需及时翻堆和通风降温。如发现有霉菌感染，局部发生时，注射多菌灵或克霉灵，防止扩大蔓延，污染严重时，剔除整个瓶（袋）掩埋处理。当多数菌种菌丝将近长满时，进行最后一次检查，将长势好，菌丝浓密、洁白、整齐者分为一类，其他分为一类，以便用于生产。

（五）菌种质量鉴定

生产出来的菌种是否合格，能否用于生产，是一个非常重要的问题，菌种生产者和栽培者均应认真加以对待，否则如生产或使用了劣质菌种，必将造成重大经济损失。要鉴定菌种质量，就必须要有个标准，侧耳类菌种的质量标准（包括一、二、三级种），一般认为从感官鉴定来说（一般生产者不可能通过显微观察），主要应包括以下几方面。

1. 合格菌种标准

(1)菌丝体色泽　洁白,无杂色;菌种瓶、袋上下菌丝色泽一致。

(2)菌丝长势　斜面种,菌丝粗壮浓密,呈匍匐状,气生菌丝爬壁力强。原种和栽培种菌丝密集,长势均匀,呈绒毛状,有爬壁现象,菌丝长满瓶袋后,培养基表面有少量珊瑚状小菇蕾出现。

(3)二、三级种培养基色泽　淡黄(木屑)或淡白(棉籽壳),手触有湿润感。

(4)有清香味　打开菌种瓶、袋可闻到平菇特殊香味,无异味。

(5)无杂菌污染　肉眼观察培养基表面无绿、红、黄、灰、黑等杂菌出现。

2. 不合格或劣质菌种表现

(1)菌丝稀疏,长势无力,瓶、袋上下生长不均匀。原因是培养料过湿,或装料过松。

(2)菌丝生长缓慢,不向下蔓延。可能是培养料过干或过湿,或培养温度过高所致。

(3)培养基上方出现大量子实体原基。

(4)培养基收缩脱离瓶(袋)壁,底部出现黄水积液,说明菌种已老化。(说明菌种已成熟,应尽快使用)

(5)菌种瓶(袋)培养基表面可见绿、黄、红等菌落,说明已被杂菌感染。

在以上(1)、(2)、(3)时菌种可酌情使用,但应加大用种量;有(4)、(5)时应予淘汰,绝对不能使用。

3. 出菇试验

所生产的菌种是否保持了原有的优良种性,必须通过出菇试验才能确定,具体做法如下。

采用瓶栽或块栽方法,设置4个重复,以免出现偶然性。瓶栽法与三级菌种的培养方法基本相同,配料、装瓶、灭菌、接种后置适温下培养。当菌丝长满瓶后再过 7 天左右，即可打开瓶口盖让其增氧出菇。块栽法即取平菇三级种的培养基用 33 厘米见方、厚 6 厘米的 4 个等量的木模（或木箱）装料压成菌块，用层播或点播法接入菌种，置温、湿、气、光等适宜条件下发菌、出菇。发菌与出菇期均按常规法进行管理。

在试验过程中，要经常认真观察、记录菌丝的生长和出菇情况，如记录种块的萌发时间、菌丝生长速度、吃料能力、出菇速度、子实体形态、转潮快慢、产量高低及质量优劣等表现。最后通过综合分析评比，选出菌丝生长速度快，健壮有力，抗病力强，吃料快，出菇早，结菇多，朵形好，肉质肥厚，转潮快，产量高，品质好的作为合格优质菌种供应菇农或用于生产。

也可直接将培养好的二级或三级菌种瓶、袋，随意取若干瓶、袋[一般不少于 10 瓶（袋）]，打开瓶（袋）口或敲碎瓶身或划破袋膜，使培养料外露，增氧吸湿，或覆上合适湿土让其出菇。按上述要求进行观察和记录，最后挑选出表现优良的菌株作种用。

掌握了以上制种技术，就基本上可生产侧耳类很多品种的菌种了。

二、无公害菇菌生产要求

菇菌已被公认为“绿色保健食品”，受到人们的普遍欢迎。但随着工农业的不断发展，环保工作相对滞后，生态环境受到污染的程度越来越高，大量的农药、化肥和激素等有毒化学物质的使用，给菇菌生产带来了较大的伤害，严重影响了菇菌及其产品的质量和风味。

在菇菌生产和加工中，有哪些易被污染的环节呢？现介绍如下。

（一）食菇菌生产中的污染途径

1. 栽培原料的污染

食用菌的栽培原料多为段木、木屑、棉籽壳、稻草和麦秸等农作物下脚料。有些树木长期生长在富含汞或镉元素的地方，其木材内汞和镉的含量较高。棉籽壳中含有一种棉酚为抗生育酚。对生殖器官有一定危害,汞被人体吸收后重者可出现神经中毒症状。镉被人体吸收后,可损害肾脏和肝脏,并有致癌的危险。此外还有铅等重金属元素,也会直接污染栽培料。如果大量、单一采用这些原料栽培菇菌,上述有害物质就会通过“食物链”不同程度地进入菌体组织,人们长期食用这类食品,就会将这些毒物富集于体内,最终损害人体健康。

2. 管理过程中的污染

菇菌的生产,要经过配料、装瓶(袋)、浇水、追肥及防治病虫害等工序。在这些工序中如不注意,随时都有可能被污染。在消毒灭菌时,常采用37% ~40%的甲醛等做消毒剂;在防治病虫害时常用多菌灵、敌敌畏、氧化乐果乃至剧毒农药1605等。这些物质均有较多的残留量和较长的残毒性,易对人体产生毒害。此外,很多农药及有害化学物质,均易溶解和流入水中,如使用此种水浇灌或浸泡菇菌(加工时),也会污染菌体进而危害人体。

3. 产品加工过程中的污染

(1)原料的污染　菇菌的生长环境一般较潮湿,原料进厂后如不及时加工,且堆放在一起,因自然发热而引起腐烂变质,加工时又没严格剔除变质菇体,加工成的产品本身就已被污染。

(2)添加剂污染　菇菌在加工前和加工过程中,用焦亚硫酸钠、稀盐酸、矮壮素、比久及调味剂、着色剂、赋香剂等化学药物做护色、保鲜及防腐。尽管这些药物用量很小,虽在加工过程中反复清洗过,且食用时也要充分漂洗,但毕竟难以彻底清除掉,多少总会残留些毒物,对人体存着潜在的威胁。

(3)操作人员污染　采收鲜菇和处理鲜菇原料的人员,手足不清洁;或本身患有乙肝、肺结核等传染病,或随地吐痰等,都会直接污染原料和产品。

(4)操作技术不严污染　菇菌产品加工工序较多,稍一放松某道工序,就可能导致污染。如盐渍品盐的浓度过低;罐制品杀菌压力不够,时间不足,排气不充分,密封不严等,均能让有害细菌残存于制品中继续为害,进而导致产品败坏。

尽管污染菌类制品的细菌多非致病菌,但也会污染致病菌,以致产生毒素危害人体。

4. 贮藏、运输、销售等流通环节中的污染

我国目前食用菌的出口产品为干制、盐渍、冷藏、速冻等初加工产品,不论如何消毒灭菌,多数制品均属商业性灭菌,因此产品本身仍然带菌,只是条件适宜,所带细菌就能大量繁殖,使产品得以保存。一旦温度条件发生变化、冷藏设备失调、干制品受潮、盐渍品盐度降低等,都会导致产品败坏,以致重新被污染。

(二)防止菇菌生产及产品被污染的防范措施

1. 严格挑选和处理好培养料

(1)一定要选用新鲜、干燥、无霉变的原料做培养料。

(2)尽量避免使用施过剧毒农药的农作物下脚料。

(3)最好不要使用单一成分的培养料,多采用较少污染的多成分的混合料。

(4)各种原料使用前都要在阳光下进行暴晒,借紫外线杀灭原料中携带的部分病菌和虫卵。

(5)大力开发和使用污染较少的"菌草"如芒萁、类芦、斑茅、芦苇、五节芒等做培养料。

2. 在防治菇菌病虫害时,严格控制使用高毒农药

菇菌在栽培过程中,防病治虫时,施用的药物一定要严格选用高效低毒的农药,在出菇时绝对不要施任何药物。杀虫剂可选用乐果、敌百虫、杀灭菊酯和生物性杀虫剂青白菌、白僵菌及植物性杀虫剂除虫菊等,还可选用驱避剂樟脑丸和避虫油及诱杀剂糖醋液等。熏蒸剂可用磷化铝取代甲醛。杀菌剂以选用代森铵、稻瘟净、井冈霉素及植物杀菌素大蒜素等。这些药物对病虫均有较好的防治作用,而对环境和食用菌几乎无污染。

3. 产品加工时使用的护色、保鲜、防腐剂尽量选用无毒的化学药剂

我国已开发和采用抗坏血酸(即维生素 C)和维生素 E 及氯

化钠(即食盐)等进行护色处理,并收到理想效果,其制品色淡味鲜,对人体有益无害。有条件的最好采用辐射保鲜,可杀灭菌体内外微生物和昆虫及破坏或降底酶的活性,不留下任何有害残留物。

为确保安全,现将有关保鲜防腐剂的限定用量列出,见表2。

表2 几种菇菌产品保鲜防腐剂限定用量表

物质名称	限定用量	使用方法
氯化钠(食盐)	0.6%,0.3%	浸泡鲜菇10分钟
氯化钠+氯化钙	0.2% +0.1%	浸泡鲜菇30分钟
L-抗坏血酸液	0.1%	喷鲜菇表面至湿润或注罐
L-抗坏血酸液+柠檬酸	0.5% +0.02%	浸泡鲜菇10~20分钟
稀盐酸	0.05%	漂洗鲜菇体
亚硫酸钠	0.1% ~0.2%	漂洗和浸泡鲜菇10分钟
苯甲酸钠(安息香钠)	0.02% ~0.03%	作汤汁注入罐、桶中
山梨酸钠	0.05% ~0.1%	作汤汁注入罐、桶中

4. 产品加工时要严格选料和严守操作规程

(1)采用鲜菇做原料的食品,原料必须绝对新鲜,并要严格剔除有病虫害的和腐烂变质的菇体;采收前10天左右,不得施用农药等化学药物,以防残毒危害人体。

(2)操作人员必须身体健康,凡有乙肝、肺炎、支气管炎、皮炎等病患者,一律不得从事食用菌等产品加工操作。

(3)要做到快采、快装、快运、快加工,严格防止松懈拖拉现象发生,以防鲜菇腐败变质。

(4)在加工过程中,对消毒、灭菌、排气密封、加汤调味等工序,要严格按清洁、卫生、定量、定温、定时等规定办,切不可偷工减料,以免消毒灭菌不彻底或排气密封不严等而导致产品被污染和变质。

5. 在产品的贮存、运输及销售中,要严防污染变质

(1)加工的产品,不论是干品还是盐渍品及罐制品,均要密封包装,防止受潮或漏气而引起腐烂。

(2)贮存处要清洁卫生、干燥通风,并不得与农药、化肥等化学物质和易散发异味、臭气的物品混放,以防污染产品。

(3)在运输过程中,如路程较远、温度较高时,一定要用冷藏车(船)装运,有条件的可采用空运。车船运输时,要定时添加一定量的冰块等降温物质,防止在运输过程中因高温而引起腐败变质。

(4)出售时,产品要置干燥、干净、空气流通的货架(柜)上,防止在出售期污染变质。并要严格按保质期销售,超过保质期的产品不得继续销售,以免损害消费者健康。

三、鲜菇初级保鲜贮存方法

绝大多数菇菌鲜品含水量高(一般在90%以上),新鲜,嫩脆,一般不耐贮藏。尤其是在温度较高的条件下,若逢出菇高峰期,不能及时鲜销或加工,往往导致腐烂变质,失去商品价值,造成重大经济损失。因此,必须对鲜品进行初级保鲜,以减少损失,确保良好的经济效益。现将有关技术介绍如下。

(一)采收与存放

采收鲜菇时,应轻采轻放,严禁重抛或随意扔甩,以防菇体受震破碎,采下的菇要存入专用筐、篮内,其内要先垫一层白色软纸,一层层装满装实(不要用手压挤),上盖干净湿布或薄膜,带到合适地点进行初加工。

(二)初加工处理

将采回的鲜菇,逐朵去掉基部所带培养基等杂物,分拣出有病虫害的菇体,适当修整好畸形菇,剪去过长的菌柄,对整丛或过大的菌体进行分开和切小,再分装于转动箱(筐)中,也可分成100克、200克、250克、500克及1000克的中小包装。鲜香菇等名贵菇类,可将菇体肥厚、大小基本一致的进行精品包装或统级包装。不论采用何种包装,最好尽快上市鲜销;不能及时鲜销时,置低温、避光通风地作短暂贮藏。

(三)保鲜方法

1. 低温保鲜法

低温保鲜即通过低温来抑制鲜菇的新陈代谢及腐败微生物

的活动,使之在一定的时间内保持产品的鲜度、颜色及风味不变的一种保鲜方法。常用的有以下几种。

(1)常规低温保鲜　将采收的鲜菇经整理后,立即放入筐内或篮中,上盖多层湿纱布或塑料膜,置于冷凉处,一般可保鲜1~2天。如果数量少,可置于洗净的大缸内贮存。具体做法:在阴凉处置缸,缸内盛少许清水,水上放一木架,将装在筐或篮内的鲜菇放于木架上,再用塑膜封盖缸口,塑膜上开3~5个透气孔。在自然温度20℃以下时,对双孢蘑菇、草菇、金针菇、平菇等柔质菌类短期保鲜效果良好。

(2)冰块制冷保鲜　将小包装的鲜菇置于三层包装盒的中格,其他两格放置用塑料袋包装的冰块,并定时更换冰块。此法对草菇、松茸等名贵菌类有良好的短期保鲜作用(空运出口时更适用)。也可在装鲜菇的塑料袋内放入适量干冰或冰块,不封口,于1℃以下可存放18天,6℃可存放13~14天,但贮藏温度不可忽高忽低。

(3)短期休眠保存　采收的香菇、金针菇等,先置20℃下放置12小时,再于0℃左右的冷藏室中处理24小时,使其进入休眠状态,保鲜期可达4~5天。

(4)密封包装冷藏　将采收的香菇、金针菇、滑菇等鲜菇立即用0.5~0.8毫米厚聚乙烯塑料袋或保鲜袋密封包装,并注意将香菇等菌褶朝上,于0℃左右保藏,一般可保鲜15天左右。

(5)机械冷藏　有条件的可将采收的各种鲜菇,经整理包装后立即放入冷藏室、冷库或冰箱中,利用机械制冷,调控温度在1℃~5℃,空气湿度85%~90%,可保鲜10天左右。

(6)自然低温冷藏　在自然温度较低的冬季,将采收的鲜菇直接放在室外自然低温下冷冻(为防止菇体变褐或发黄,可将鲜菇在0.5%柠檬酸溶液中漂洗10分钟)约2小时,然后装入塑料袋中,用纸箱包装,置于低温阴棚内存放,可保鲜7天左右。

(7)速冻保藏　对于一些珍贵的菌类,如松茸、金耳、口蘑、羊肚菌、鸡油菌、美味牛肝菌等在未开伞时,用水轻轻漂洗后,薄薄地摊在竹席上，置于高温蒸汽密室熏蒸 5～8 分钟，使菇体细胞失去活性，并杀死附着在菇体表面的微生物。熏蒸后将菇体置 1% 的柠檬酸液中护色 10 分钟，随即吸去菇体表面水分，用玻璃纸或锡箔袋包装，置-35℃低温冰箱中急速冷冻 40 分钟至 1 小时后移至-18℃下冷冻贮藏，可保鲜 18 个月。

2. 杀酶保鲜

将采收的鲜菇按大小分装于筐内，浸入沸腾的开水中漂烫 4～8 分钟，以抑制或杀灭菇体内的酶活性，捞出后立即浸入流水中迅速冷却，达到内外温度均匀一致，沥干水分，用塑料袋包装，置冰箱或冷库中贮藏，可保鲜 10 天左右。

3. 气调保鲜法

气调保鲜就是通过调节空气组分比例，以抑制生物体（菇菌类）的呼吸作用，来达到短期保鲜的目的，常用方法有以下几种。

（1）将鲜香菇等菇类贮藏于含氧量 10%～20%，二氧化碳 40%，氮气 58%～59% 的气调袋内于 20℃下贮藏，可保鲜 8 天。

（2）用纸塑袋包装鲜菇类，加入适量天然去异味剂，于 5℃下贮藏，可保鲜 10～15 天。

（3）用纸塑复合袋包装鲜草菇等菇类，在包装袋上打若干自发气调孔，于 15℃～20℃下贮藏，可保鲜 3 天。

（4）真空包装保鲜。用 0.06～0.08 毫米厚的聚乙烯塑膜袋包装鲜金针菇等菇类 3～5 千克，用真空抽提法抽出袋内空气，热合封口，结合冷藏，保鲜效果很好。

4. 辐射保鲜法

辐射保鲜就是用 ^{60}Co γ－射线照射鲜菇体，以抑制菇色褐变、破膜、开伞，达到保鲜的目的，这是目前世界上最新的一种保鲜方法。

（1）以 ^{60}Co γ－射线照射装入多孔的聚乙烯袋内的鲜双孢菇等菇类，照射剂量为（250～400）$\times 10^3$ 拉德（即电子伏），于 10℃～15℃下贮存，可保鲜 15 天左右。

（2）以 ^{60}Co γ－射线照射鲜蘑菇类，照射剂量为 5 万～10 万拉德,贮藏在0℃下,其鲜菇颜色、气味与质地等商品性状保持完好。

(3)以^{60}Co γ-射线照射处理纸塑袋装鲜草菇等,照射量为8万~12万拉德,于14℃~16℃下,可保鲜2~3天。

(4)以^{60}Co γ-射线照射鲜松茸等,照射量为5万~20万拉德,于20℃下可保鲜10天。

辐射保鲜,是食用菌贮藏技术的新领域,据联合国粮农组织、国际原子能机构及世界卫生组织专家会议确认,辐射总量为100万拉德时,照射任何食品均无毒害作用,可作商品出售。因此,我国卫生部规定:自1998年6月1日起凡辐射食品一定要贴有关辐射食品标志才能进入国内市场。

5. 化学保鲜法

化学保鲜即使用对人畜安全无毒的化学药品和植物激素处理菇类以延长鲜活期而达到保鲜目的的一种方法。

(1)氯化钠(即食盐)保鲜　将采收的鲜蘑菇、滑菇等整理后浸入0.6%盐水中约10分钟,沥干后装入塑料袋内,于10℃~25℃下存放4~6小时,鲜菇变为亮白色,可保鲜3~5天。

(2)焦亚硫酸钠喷洒保鲜　将采收的鲜口蘑、金针菇等摊放在干净的水泥地面或塑料薄膜上,向菇体喷洒0.15%的焦亚硫酸钠水溶液,翻动菇体,使其均匀附上药液,用塑料袋包装鲜菇,立即封口贮藏于阴凉处,在20℃~25℃下可保鲜8~10天(食用时要用清水漂洗至无药味)。

(3)稀盐酸液浸泡保鲜　将采收的鲜草菇等整理后经清水漂洗晾干,装入缸或桶内,加入0.05%的稀盐酸溶液(以淹没菇体为宜),在缸口或桶口加盖塑料膜,可短期保鲜(深加工或食用时用清水冲洗至无盐酸气味)。

(4)抗坏血酸保鲜　草菇、香菇、金针菇等采收后,向鲜菇上喷洒0.1%的抗坏血酸(即维生素C)液,装入非铁质容器,于-5℃下冷藏,可保鲜24~30小时。

(5)氯化钠与氯化钙混合保鲜　将鲜菇用0.2%的氯化钠加

0.1%的氯化钙制成的、混合液浸泡30分钟，捞起装于塑料袋中，在16℃~18℃下可保鲜4天，5℃~6℃下可保鲜10天。

(6)抗坏血酸与柠檬酸混合液保鲜　用0.02%~0.05%的抗坏血酸和0.01%~0.02%的柠檬酸配成混合保鲜液，将采收的鲜菇浸泡在此液中10~20分钟，捞出沥干水分，用塑料袋包装密封，于23℃贮存12~15小时，菇体色泽乳白，整菇率高，制罐商品率高。

(7)比久(B9)保鲜　比久的化学名称是N-二甲胺苯琥珀酰液，是一种植物生长延缓剂。以0.001%~0.01%的比久水溶液浸泡蘑菇、香菇、金针菇等鲜菇10分钟后，取出沥干装袋，于5℃~22℃下贮藏可保鲜8天。

6. 麦饭石保鲜

将鲜草菇等装入塑料盒中，以麦饭石水浸泡菇体，置于-20℃下保存保鲜期可达70天左右。

7. 米汤碱液保鲜

取做饭时的稀米汤，加入1%纯碱或5%小苏打，溶解搅拌均匀，冷却至室温备用。将采收的鲜菇等浸入米汤碱液中，5分钟后捞出，置阴凉、干燥处，此时蘑菇等表面形成一层米汤薄膜，以隔绝空气，可保鲜12小时。

主要参考文献

[1]杨冠煌. 中国昆虫资源利用和产业化. 北京:中国农业出版社,1998.

[2]徐宗佑. 昆虫的分类采集与饲养. 北京:中国人文出版社,2000.

[3]陈士瑜,陈惠. 菇菌栽培手册. 北京:科学技术文献出版社,2003.

[4]黄年来,等. 中国食用菌百科. 北京:中国农业出版社,1997.

[5]曾宪顺,王明祖. 食用菌病虫害防治技术. 广州:广东科技出版社,2000.

敬　　启

本书封面从网络上选用了4幅菇菌图片,因未能联系到作者,我社已将图片的使用情况备案到内蒙古自治区版权保护协会,并将图片稿酬按国家规定的稿酬标准预付给内蒙古自治区版权保护协会。在此,敬请图片作者见到本书后,及时与内蒙古自治区版权保护协会联系领取稿酬。

内蒙古科学技术出版社